코시가 들려주는 부등식 이야기

코시가 들려주는 부등식 이야기

초 판 1쇄 발행일 | 2005년 6월 30일
개정판 1쇄 발행일 | 2010년 9월 1일
개정판 13쇄 발행일 | 2021년 5월 28일

지은이 | 정완상
펴낸이 | 정은영
펴낸곳 | (주)자음과모음

출판등록 | 2001년 11월 28일 제2001-000259호
주 소 | 04047 서울시 마포구 양화로6길 49
전 화 | 편집부 (02)324-2347, 경영지원부 (02)325-6047
팩 스 | 편집부 (02)324-2348, 경영지원부 (02)2648-1311
e-mail | jamoteen@jamobook.com

ISBN 978-89-544-2031-0 (44400)

코시가 들려주는

부등식 이야기

| 정완상 지음 |

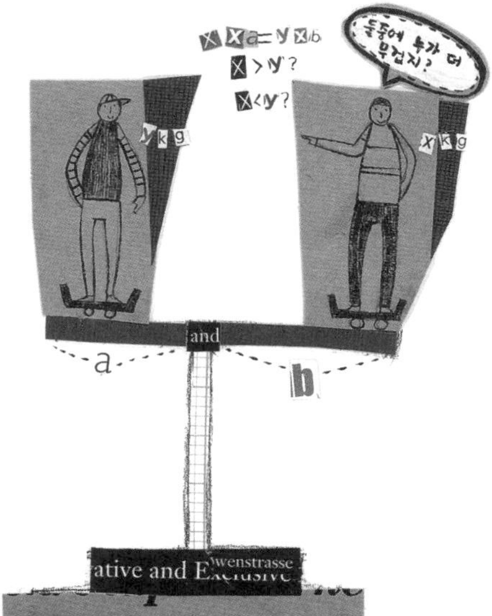

(주) 자음과모음

코시를 꿈꾸는 청소년을 위한 '부등식' 이야기

코시는 부등식과 복소수의 연구로 유명한 수학자입니다. 부등식은 방정식과 더불어 수학의 중요한 단원입니다.

저는 이 책에서 저울을 이용하여 부등식의 성질을 설명하고 삼각형이나 사각형과 관련된 재미있는 부등식과 그 응용 문제를 제시하였습니다. 또한 여러 가지 평균과 그 의미를 자세히 강의하였으며, 이들 평균 사이의 대소 관계를 이용하는 재미있는 문제들을 다루었습니다.

특히 마지막 수업에서 다룬, 부등식의 산업에의 응용은 2개의 부등식을 만족시키면서 회사가 가장 많은 돈을 벌 수 있는 방법을 소개하고 있습니다.

한국과학기술원(KAIST)에서 이론 물리학으로 박사 학위를 받은 저는 초등학생들을 위해 쉽고 재미난 강의 형식을 도입했습니다. 즉, 위대한 수학자가 교실에서 일상 속 게임을 통해 수학 이론을 하나하나 설명해 가는 식으로 초등학생부터 이해할 수 있도록 서술했습니다.

또한 부등식을 좀 더 잘 이해하기 위해서는 이 책을 읽기 전에 《디오판토스가 들려주는 방정식 이야기》를 읽을 것을 독자에게 권하고 싶습니다.

책의 마지막 부분에 실은 창작 동화 〈부등식의 신, 매씨우스〉는 본문에서 다룬 내용을 토대로 매씨우스가 부등식을 이용하여 신들을 통치하는 이야기입니다. 이 동화를 통해 부등식에 대해 총정리해 볼 수 있었으면 합니다.

정 완 상

차례

부록

첫 번째 수업 1

부등식이란 무엇인가요?

부등식이란 무엇일까요?
부등식의 성질에 대해 알아봅시다.

1

첫 번째 수업

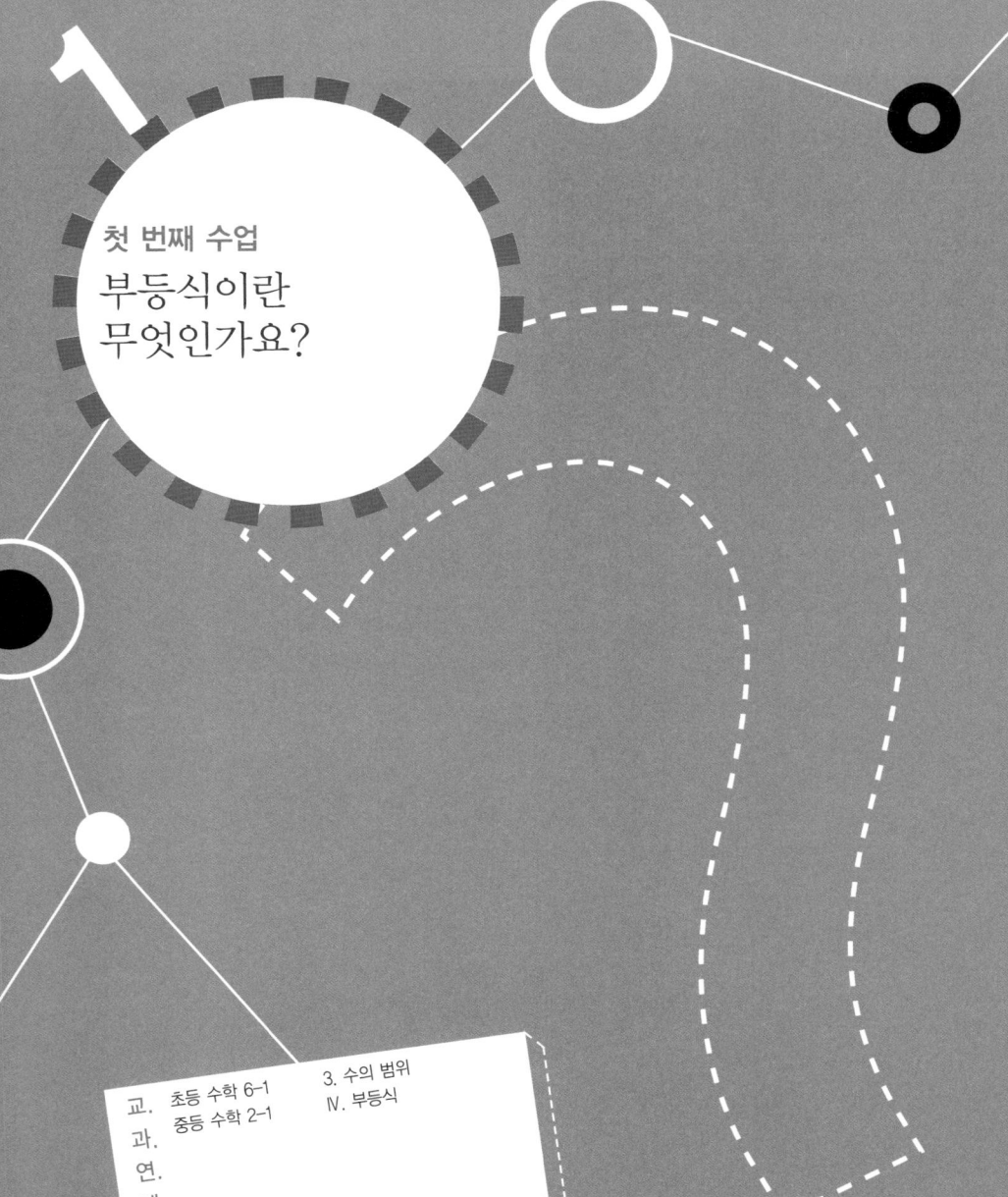

부등식이란 무엇인가요?

교과연계.

초등 수학 6-1	3. 수의 범위
중등 수학 2-1	Ⅳ. 부등식

코시는 수의 크고 작음을 비교하며 첫 번째 수업을 시작했다.

3과 2 중 어느 것이 더 크죠?

__3입니다.

이것을 3>2라고 씁니다. 이렇게 부등호를 써서 나타낸 식을 부등식이라고 부릅니다.

일반적으로 부등식에는 다음과 같은 4종류가 있습니다.

$a>b$

$a<b$

$a\geq b$

$a \leqq b$

이것들의 차이를 하나씩 알아보죠.

$a > b$는 'a는 b보다 크다' 또는 'a는 b 초과'라고 읽습니다. 마찬가지로 $a < b$는 'a는 b보다 작다' 또는 'a는 b 미만'이라고 읽습니다.

그럼 $a \geq b$는 어떻게 읽을까요? 이것은 'a는 b보다 크거나 같다' 또는 'a는 b 이상'이라고 읽습니다. 여기서 부등호 $\geq$는 $>$ 또는 $=$라는 뜻입니다. 그러므로 $2 \geq 2$는 옳은 표현입니다.

마찬가지로 $a \leq b$는 'a는 b보다 작거나 같다' 또는 'a는 b 이하'라고 읽습니다.

부등식의 성질

이제 부등식의 성질에 대해 알아보겠습니다.

다음 부등식을 보죠.

$4 > 2$

이때 부등호의 왼쪽에 있는 식을 좌변, 오른쪽에 있는 식을 우변이라고 부릅니다. 좌변과 우변을 합쳐 부등식의 양변이라고 부르지요.

코시는 저울에 4g의 추와 2g의 추를 올려놓았다. 저울은 4g의 추를 올려놓은 쪽으로 기울어졌다.

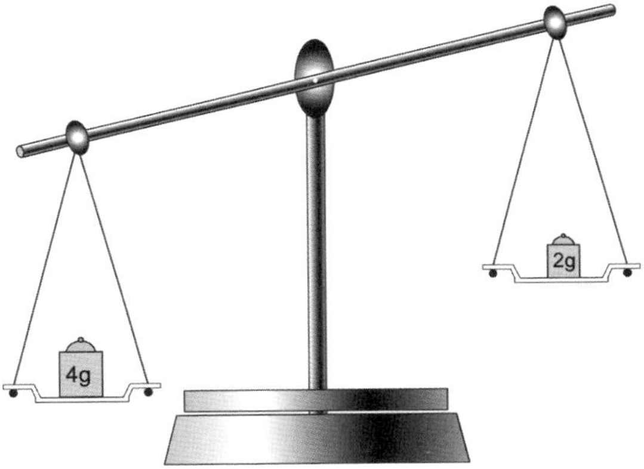

4g의 추가 2g의 추보다 무겁지요?

이것은 4가 2보다 크기 때문입니다. 이것이 바로 4는 2 초과, 4＞2의 의미이지요. 그러므로 부등호의 방향은 저울을 이용하여 조사할 수 있지요. 이때 큰 수 쪽으로 저울이 기울어집니다.

코시는 저울의 양쪽에 똑같이 1g의 추를 하나씩 더 올려놓았다. 여전히 4g의 추가 있는 쪽으로 기울어졌다.

왼쪽은 4g의 추와 1g의 추가 있으므로 5g이 되었고, 오른쪽은 2g의 추와 1g의 추가 있으므로 3g이 되었지요? 이때 5는 3보다 크므로, 즉 $5>3$이므로 저울이 왼쪽으로 기울어진 것입니다.

이것으로부터 부등식 $4>2$의 양변에 똑같이 1을 더해도 부등호의 방향이 달라지지 않음을 알 수 있습니다. 즉, 다음과 같지요.

$$4+1>2+1$$

이것을 정리하면 다음과 같습니다.

$a>b$이면 $a+c>b+c$이다.

마찬가지로 부등식 4>2에서 똑같이 1을 빼 주면 좌변은 3, 우변은 1이 되어 3>1이 성립합니다. 즉, 다음과 같지요.

$4-1>2-1$

이렇게 부등식의 양변에서 같은 수를 빼도 부등호의 방향은 달라지지 않습니다.

이것을 정리하면 다음과 같지요.

$a>b$이면 $a-c>b-c$이다.

이렇게 부등식의 양변에 같은 수를 더하거나 빼도 부등호의 방향은 달라지지 않습니다.

이번에는 곱셈과 나눗셈의 경우에 대해 알아보죠.

부등식 4>2의 양변에 3을 곱하면 좌변은 4×3=12가 되고, 우변은 2×3=6이 됩니다. 12는 6보다 크므로, 다음과 같습니다.

$4 \times 3 > 2 \times 3$

그렇다면 어떤 수를 곱해도 항상 부등호의 방향은 달라지지 않을까요?

그렇지 않습니다. 주어진 부등식의 양변에 -1을 곱해 봅시다. 좌변은 $4 \times (-1) = -4$, 우변은 $2 \times (-1) = -2$가 되지요.

이때 -4와 -2를 수직선에 나타내면 다음과 같습니다.

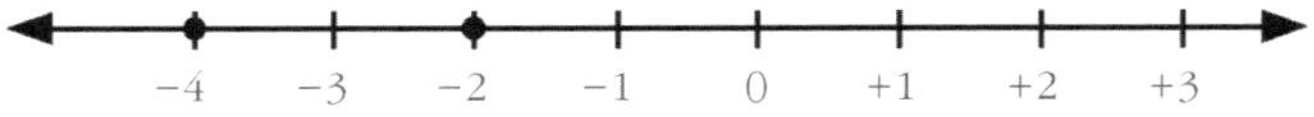

그러므로 $-4 < -2$입니다. 어랏! 부등호의 방향이 바뀌었군요.

이것이 바로 부등식의 중요한 성질입니다. 즉, 부등식의 양변에 음수를 곱하면 부등호의 방향이 바뀝니다.

$4 \times (-1) < 2 \times (-1)$

이것을 정리하면 다음과 같습니다.

$a>b$일 때 $c>0$이면 $a\times c>b\times c$이고, $c<0$이면 $a\times c<b\times c$가 된다.

주어진 부등식의 양변을 2로 나누어 봅시다. 이때 좌변은 $\frac{4}{2}=2$가 되고, 우변은 $\frac{2}{2}=1$이 되고 $2>1$입니다. 즉, 양수로 나누면 부등호의 방향이 바뀌지 않습니다. 하지만 -2로 나누면 좌변은 $\frac{4}{-2}=-2$가 되고, 우변은 $\frac{2}{-2}=-1$이 되어 $-2<-1$이 되지요. 그러므로 음수로 나누면 부등호의 방향이 바뀝니다.

이것을 정리하면 다음과 같습니다.

$a>b$일 때 $c>0$이면 $\frac{a}{c}>\frac{b}{c}$이고, $c<0$이면 $\frac{a}{c}<\frac{b}{c}$가 된다.

이렇게 부등식의 양변에 양수를 곱하거나 나누면 부등호의 방향이 바뀌지 않지만, 음수를 곱하거나 나누면 부등호의 방향이 바뀝니다.

만화로 본문 읽기

코시 선생님, 뭘 그렇게 열심히 연구하고 계시나요?
지금 부등식을 연구 중이니까 조금 있다 얘기하도록 해요.
부등식? 부등식이 뭐지? 부드러운 등심을 먹는다는 뜻인가?
쯧쯧, 부등식을 모르다니…. 3과 2 중 3이 더 크지? 이것을 3>2라고 쓰고 이렇게 부등호를 써서 나타낸 식을 부등식이라고 부르는 거야.
하~, 어쩔 수 없군요. 제가 부등식에 대해 좀 설명해 보죠. 일반적으로 부등식은 다음과 같은 4종류가 있어요.
다 비슷해 보이는데요.
a>b
a<b
a≥b
a≤b
하하, 그런가요? 하지만 확실한 차이가 있답니다. 먼저 a>b는 'a는 b보다 크다' 또는 'a는 b 초과'라고 읽고, 마찬가지로 a<b는 'a는 b보다 작다' 또는 'a는 b 미만'이라고 읽죠. 그럼, a≥b는 어떻게 읽을까요?
a ≥ b
그건 'a는 b보다 크거나 같다' 또는 'a는 b 이상'이라고 읽으면 될 것 같아요.
맞습니다. 여기서 부등호 ≥는 > 또는 =라는 뜻입니다. 그러므로 2≥2는 옳은 표현이죠. 마찬가지로 a≤b는 'a는 b보다 작거나 같다.' 또는 'a는 b 이하'라고 읽으면 되는 것이죠.
a≤b
아니, 이렇게 쉬운 것을 연구하고 계셨던 거예요?
이런, 부등식을 우습게 보면 안 되죠. 부등식엔 재미있고 심오한 성질이 있어요. 함께 알아볼까요?
네~!

두 번째 수업

2

부등식은 어떻게 풀까요?

부등식을 푸는 방법에 대해 알아봅시다.

2

두 번째 수업

부등식은 어떻게 풀까요?

교. 과. 연. 계.	중등 수학 2-1	Ⅳ. 부등식
	고등 수학 1-1	Ⅲ. 방정식과 부등식

코시는 칠판에 간단한 부등식을 하나 적으며 두 번째 수업을 시작했다.

부등식에는 여러 종류가 있으므로 가장 간단한 경우부터 다루어 보죠.

다음 부등식을 만족하는 정수를 찾아봅시다.

$$x-2>0$$

이 부등식을 만족하는 모든 정수 x를 찾아야 합니다. x에 3을 넣어 봅시다. $3-2=1$이므로, $3-2>0$이 되어 부등식을 만족합니다.

x에 4를 넣어 봅시다. $4-2=2$이므로, $4-2>0$이 되어 부등식을 만족합니다.

x에 5 이상의 정수를 넣어도 부등식을 만족합니다. 그러므로 3, 4, 5, …는 부등식을 만족합니다.

x에 3보다 작은 수를 넣으면 어떻게 될까요?

x에 2를 넣어 봅시다. $2-2=0$이죠? 0이 0보다 클 수 없으므로 x에 2를 넣으면 부등식을 만족하지 않습니다.

마찬가지로 x에 1 이하의 정수를 넣으면 부등식을 만족하지 않습니다. 그러므로 부등식 $x-2>0$을 만족하는 정수는 다음과 같습니다.

$$x=3, 4, 5, \cdots$$

하지만 일일이 x의 값에 수를 대입하는 것은 너무 불편합니다. 그러므로 부등식을 푸는 일반적인 방법을 알아봅시다.

부등식을 풀 때는 부등식의 4가지 성질을 이용하면 편리합니다. 먼저 부등식의 양변에 2를 더해도 부등호의 방향이 바뀌지 않으므로,

$$x-2+2>0+2$$

$x > 2$

가 됩니다. 이것이 바로 부등식 $x-2>0$을 푼 결과입니다. 이것을 부등식의 해라고 부릅니다. 즉, 2보다 큰 수들은 모두 부등식 $x-2>0$을 만족하지요. 이러한 x의 값을 다음과 같이 수직선에 나타냅니다.

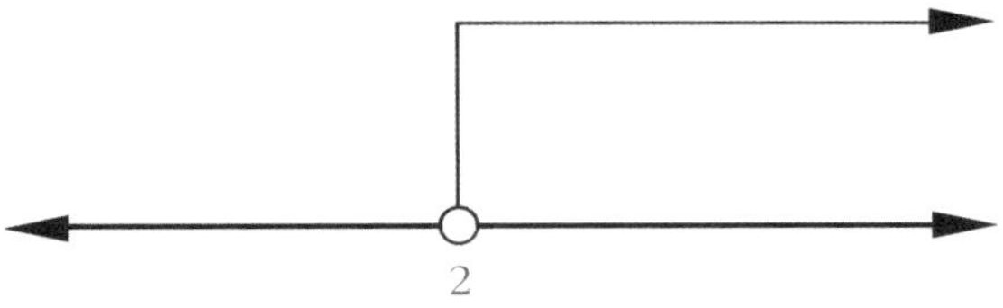

여기에서 빈 동그라미는 그 점이 포함되지 않음을 나타냅니다.

예를 들어 다음 부등식을 보죠.

$x-2 \geq 0$

양변에 2를 더하면

$x-2+2 \geq 0+2$

$x \geq 2$

가 됩니다. 그러므로 이 부등식을 만족하는 x의 값을 모두 수직선에 나타내면 다음과 같습니다.

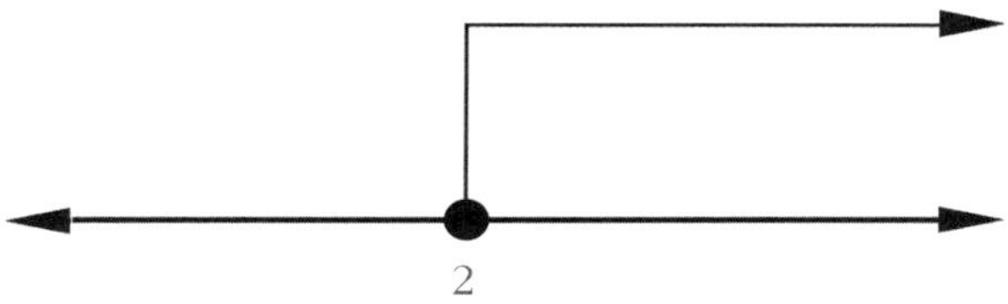

여기서 검은 동그라미는 그 점이 포함되는 것을 나타냅니다.

조금 더 복잡한 부등식을 봅시다. 다음을 보죠.

$2x-1<5$

여기서 $2x$는 $2\times x$를 말합니다. 이렇게 숫자와 문자가 곱해져 있을 때는 곱하기 기호를 생략할 수 있지요. 이 부등식의 양변에 1을 더하면,

$2x<5+1$

이 됩니다. 이것은 좌변에 있던 −1이 우변으로 넘어가서 +1 이 된 것입니다. 이런 것을 이항이라고 부릅니다. 이때 우변을 계산하면

$2x < 6$

이 됩니다. 이 식의 양변을 2로 나누어 주면

$x < 3$

이 되지요. 이것이 바로 부등식의 해입니다. 즉, x에 3보다 작은 수를 넣으면 주어진 부등식을 항상 만족하지요. 이것을 수직선에 나타내면 다음과 같습니다. 3을 포함하지 않는 작은 수이므로 빈 동그라미로 표시해야겠지요.

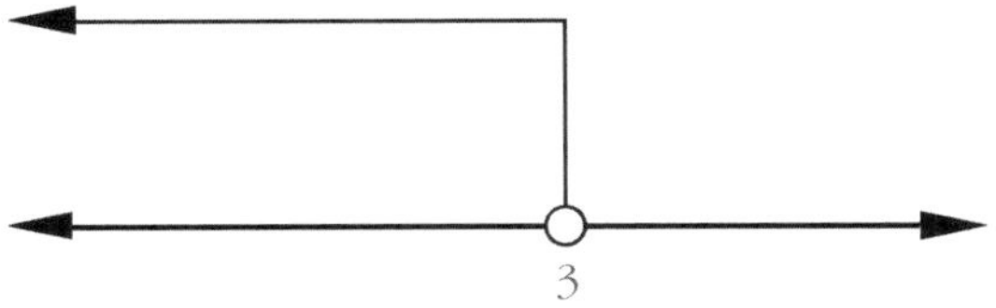

또 다른 부등식을 봅시다.

$-x+2<3$

좌변의 +2를 우변으로 이항시키면

$-x<3-2$

$-x<1$

이 되지요.

어랏! x 앞에 음의 부호가 붙어 있군요? 이런 부등식은 어떻게 풀까요?

x에 몇 개의 정수를 넣어 봅시다.

x에 1을 넣으면 $-x=-1$이 되지요? $-1<1$이므로 이것은 부등식을 만족합니다.

x에 2를 넣으면 $-x=-2$가 되지요? $-2<1$이므로 이것은 부등식을 만족합니다.

마찬가지로 x에 3, 4, 5, …를 넣으면 부등식을 만족합니다.

이번에는 x에 0을 넣어 봅시다. 이때 $-x=0$이고 $0<1$이므로 0도 부등식을 만족합니다.

x에 −1을 넣어 봅시다. $-x$는 x와 부호가 반대이므로 $-x=1$이 됩니다. 그런데 1이 1보다 작지 않으므로 이 값은 부등식을

만족하지 않습니다.

마찬가지로 x에 -2, -3, -4, …를 넣어도 부등식을 만족하지 않습니다. 그러므로 부등식을 만족하는 정수 x의 값은

0, 1, 2, 3, …

이 됩니다.

이 값들이 어떻게 나왔는지 알아봅시다. 부등식 $-x<1$에서 양변에 -1을 곱해 봅시다. $-x$와 -1의 곱은 x가 되고, 부등식의 양변에 음수를 곱하면 부등호의 방향이 바뀌므로

$x>-1$

이 됩니다. 이것이 바로 부등식의 해입니다. 이 조건을 만족하는 정수만 찾아보면 다음과 같습니다.

0, 1, 2, 3, …

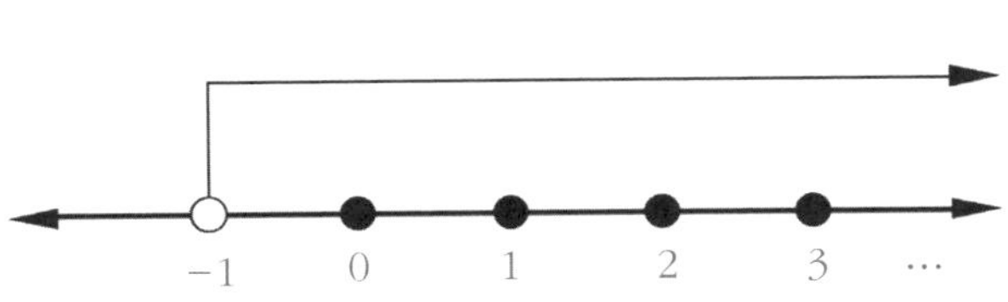

부등식의 덧셈

이번에는 부등식의 덧셈에 대해 알아봅시다. 두 수 x, y가 다음과 같은 부등식을 만족한다고 합시다.

$1 \leq x \leq 3$

$4 \leq y \leq 6$

이때 $x+y$의 범위는 어떻게 될까요? $1 \leq x \leq 3$을 만족하는 x로는 2와 같은 자연수도 있지만 1.3과 같이 자연수가 아닌 수도 있습니다. 하지만 1이 이 부등식을 만족하는 x의 최솟값이고 3이 최댓값이라는 것은 분명합니다.

우선 간단히 하기 위해 x, y가 자연수인 경우를 봅시다. 그렇다면 x는 1, 2, 3이 가능하고 y의 경우는 4, 5, 6이 가능합니다.

코시는 1, 2, 3이 적힌 카드를 윗줄에 놓고 4, 5, 6이 적힌 카드를 아랫줄에 놓았다. 그리고 미진이에게 윗줄에서 1장을 뽑고 아랫줄에서 1장을 뽑아 그 합이 최소가 되도록 하게 했다. 미진이는 1과 4를 택해 그 합이 5라고 이야기했다.

그러므로 $x+y$의 최솟값은 다음과 같지요.

($x+y$의 최솟값) = (x의 최솟값) + (y의 최솟값)

코시는 영란이에게 윗줄에서 1장을 뽑고 아랫줄에서 1장을 뽑아 그 합이 최대가 되도록 하게 했다. 영란이는 3과 6을 택해 그 합이 9라고 이야기했다.

그러니까 $x+y$의 최댓값은 다음과 같죠.

($x+y$의 최댓값) = (x의 최댓값) + (y의 최댓값)

그러므로 $x+y$의 범위는

$1+4 \le x+y \le 3+6$

이 됩니다. 이 식을 정리하면

$5 \le x+y \le 9$

가 되지요.

수학자의 비밀노트

부등식의 뺄셈

$a \le x \le b$, $c \le y \le d$일 때, 부등식의 뺄셈 $x-y$의 범위는 다음과 같아야 한다.

$$\begin{array}{r} a \le x \le b \\ -\ c \le y \le d \\ \hline \end{array}$$

($x-y$의 최솟값)$\le x-y \le$($x-y$의 최댓값)

따라서 $x-y$의 최솟값은 x 범위의 가장 작은 값에서 y 범위의 가장 큰 값을 뺀 것이 되고, $x-y$의 최댓값은 x 범위의 가장 큰 값에서 y 범위의 가장 작은 값을 뺀 것이 된다. 즉, 다음과 같다.

$$\begin{array}{r} a \le x \le b \\ -\ c \le y \le d \\ \hline a-d \le x-y \le b-c \end{array}$$

만화로 본문 읽기

자, 부등식의 성질은 배웠으니까 이 문제들을 풀어 볼까요?
(1) x−2>0
(2) 2x−1<5
엥? 갑자기 문제를 내시면 어떻게 해요?
음….
이 문제들을 풀면서 부등식의 성질을 자연스럽게 익힐 수 있답니다. 우선 부등식의 양변에 같은 수를 더해도 부등호 방향이 바뀌지 않아요. (1)번을 먼저 볼까요?
x−2>0
양변에 2를 더해도 부등호의 방향이 바뀌지 않으므로 x>2가 되지요. 이것이 바로 부등식 x−2>0의 해랍니다.
아~, 그러니까 2보다 큰 수들은 모두 부등식 x−2>0을 만족한다는 뜻이군요.
x > 2
2
x ≥ 2
2
그래요. 부등식의 해 x>2를 수직선에 나타내면 이렇게 되지요. x는 2를 포함하지 않으므로 빈 동그라미로 나타냅니다.
조금 더 복잡한 다음 문제를 볼까요?
우선 양변에 1을 더하면, 2x<6이 돼요. 이제 양변을 2로 나눠 주면, 2는 0보다 크니까 부등호 방향이 바뀌지 않고 x<3이 되네요.
2x −1<5
아하~, x에 3보다 작은 수를 넣으면 주어진 부등식을 항상 만족한단 말이군요.
네, 그렇습니다. 하하하!

세 번째 수업 3

부등식의 활용

생활 속에는 부등식을 이용하는 문제가 많습니다.
부등식의 활용에 대해 알아봅시다.

3

세 번째 수업

부등식의 활용

교.
과.
연.
계.

중등 수학 2-1 Ⅳ. 부등식

고등 수학 1-1 Ⅲ. 방정식과 부등식

생활 속 부등식 문제를 해결해 보자며 코시는 세 번째 수업을 시작했다.

코시는 1부터 10까지 쓰여 있는 카드를 꺼냈다.

이 가운데 연속인 세 수로, 그 합이 10보다 크면서 세 수가 가장 작은 경우를 찾아봅시다.

코시는 1, 2, 3을 꺼냈다.

1+2+3=6은 10보다 크지 않지요. 그러므로 이 선택은 옳지 않습니다.

코시는 2, 3, 4를 꺼냈다.

2+3+4=9 또한 10보다 크지 않지요. 따라서 이 선택도 옳지 않습니다.

코시는 3, 4, 5를 꺼냈다.

3+4+5=12는 10보다 크지요. 이 선택은 옳습니다. 그리고 이 경우가 조건을 만족하는 가장 작은 세 수입니다.

이 문제를 부등식을 이용하여 풀 수 있습니다.

세 수가 연속인 자연수이므로 세 수 중 가장 작은 수를 x라고 두면, 가운데 수는 $x+1$이고 가장 큰 수는 $x+2$가 됩니다.

세 수의 합이 10보다 크므로

$$x+(x+1)+(x+2)>10$$

입니다. 여기서 $x+x+x=3\times x$이고, 곱하기 기호를 생략하면 $x+x+x=3x$가 됩니다.

따라서 주어진 부등식은

$$3x+3>10$$

이 되지요. 이 식에서 3을 이항하면

$$3x>10-3$$
$$3x>7$$

이 됩니다.

이제 이 부등식의 양변을 3으로 나누면

$$x > \frac{7}{3}$$

이 되지요. 여기서 x는 자연수입니다. $\frac{7}{3}$보다 큰 자연수 중에서 가장 작은 자연수는 3이므로 구하는 x의 값은 3이 되지요. 그러므로 세 수는 3, 3+1, 3+2가 되어 3, 4, 5가 답이 됩니다.

반올림

우리는 반올림을 자주 사용합니다. 예를 들어 3.8을 소수 첫째 자리에서 반올림하면 4가 되고, 3.4를 소수 첫째 자리에서 반올림하면 3이 되지요.

그렇다면 소수 첫째 자리에서 반올림하여 5가 되는 수들은 어떤 수들일까요? 이럴 때 우리는 부등식을 사용합니다.

우리가 구하는 수를 x라고 하면 x를 반올림하였을 때 5가 되는 모든 x를 찾으면 됩니다.

이때 x는 5보다 크면서 반올림 때문에 소수 부분이 사라지는 수도 있고, 5보다 작지만 반올림하여 5가 되는 수도 있습니다.

먼저 5보다 작지만 반올림하여 5가 되는 수를 봅시다.

4.5를 반올림하면 5가 됩니다. 하지만 4.4는 반올림하면 4가 되지요. 그러므로 4.4는 x가 될 수 없고, 4.5는 x가 될 수 있습니다.

그러므로 4.5, 4.6, 4.7, 4.8, 4.9와 같은 수들은 반올림하여 5가 되는 수들입니다. 물론 5는 반올림하여 5가 되지요.

이제 5보다 크면서 반올림하여 5가 되는 수들을 봅시다. 5.1, 5.2, 5.3, 5.4는 반올림하여 5가 됩니다. 그러므로 이 수들은 x의 값이 될 수 있습니다.

하지만 5.5는 반올림하면 6이 되므로 x의 값이 될 수 없지요. 따라서 반올림하여 5가 되는 수는 4.5 이상이고 5.5 미만이어야 합니다. 그러므로 다음과 같지요.

$4.5 \leq x < 5.5$

추월 문제

코시는 미나에게 700원을, 준수에게 300원을 주었다.

현재 가진 돈은 미나가 더 많습니다. 하지만 오늘부터 매일 미나는 100원을 받고 준수는 200원을 받는다면, 며칠 뒤 준수가 가진 돈이 더 많아질까요?

우선 첫째 날을 보죠.

미나가 가진 돈 : $700 + 100 = 800$

준수가 가진 돈 : $300 + 200 = 500$

아직 미나가 가진 돈이 더 많군요. 둘째 날에는 다음과 같죠.

미나가 가진 돈 : 700+100+100=900

준수가 가진 돈 : 300+200+200=700

아직 미나가 가진 돈이 더 많군요. 셋째 날에는 다음과 같죠.

미나가 가진 돈 : 700+100+100+100=1000

준수가 가진 돈 : 300+200+200+200=900

아직 미나가 가진 돈이 더 많군요. 넷째 날에는 다음과 같죠.

미나가 가진 돈 : 700+100+100+100+100=1100

준수가 가진 돈 : 300+200+200+200+200=1100

두 사람의 돈이 같아졌군요. 하지만 준수가 가진 돈이 더 많아진 것은 아니죠. 다섯째 날에는 다음과 같죠.

미나가 가진 돈 : 700+100+100+100+100+100=1200

준수가 가진 돈 : 300+200+200+200+200+200=1300

이제 준수가 가진 돈이 더 많아졌지요. 그러므로 5일 뒤가 구하는 답입니다.

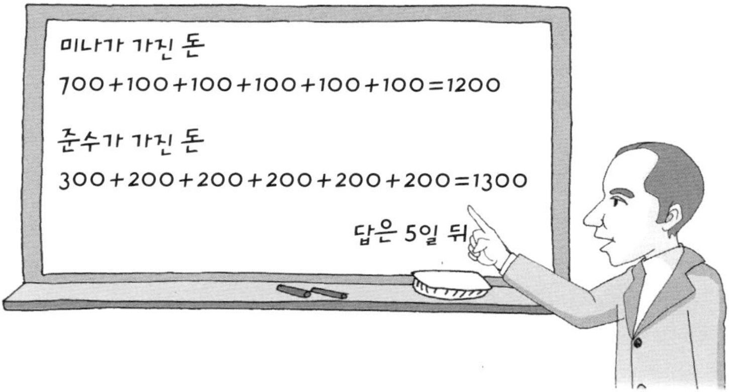
미나가 가진 돈
700+100+100+100+100+100=1200
준수가 가진 돈
300+200+200+200+200+200=1300
답은 5일 뒤

이것을 부등식으로 풀 수 있습니다.

만일 x일 후 준수의 돈이 더 많아진다고 하면 두 사람이 가진 돈은 다음과 같지요.

미나가 가진 돈 : $700+100x$

준수가 가진 돈 : $300+200x$

이제 준수가 가진 돈이 미나가 가진 돈보다 더 많아지는 x의 범위를 구하면 되지요.

$300+200x>700+100x$

300을 우변으로 이항하면, $200x>700+100x-300$이 됩니다. 이 식에서 우변을 정리하면,

$200x>100x+400$

이 되지요. 이 부등식은 어떻게 풀까요?

__이항하면 된다고 하셨는데…….

그래요. 우변의 $100x$를 좌변으로 이항하면, $200x-100x>400$이됩니다.

여기서 $200x$는 200과 x의 곱이므로 x를 200번 더한 값입니다. 마찬가지로 $100x$는 100과 x의 곱이므로 x를 100번 더한 값입니다.

그러므로 $200x-100x$는 x를 200번 더한 식에서 x를 100번 더한 식을 뺀 것이므로 x를 100번 더한 식이 됩니다. 그러므로 $200x-100x=100x$로 표현할 수 있지요. 따라서 주어진 부등식은

$100x>400$

이 되지요. 이제 양변을 100으로 나누면

$$x>4$$

가 됩니다. 여기서 x는 자연수이므로 이 부등식을 만족하는 가장 작은 자연수 x의 값은 5입니다. 그러므로 5일 뒤에 처음으로 준수가 가진 돈이 많아집니다.

만화로 본문 읽기

여기 길이가 7cm, 3cm인 화초가 있습니다. 매일 각각 1cm씩, 2cm씩 자라죠. 그럼 며칠 후에 작은 화초가 큰 화초보다 길어질까요?
매일 몇 cm인지 재 보면 되지 않을까요?
하하, 그렇죠. 하지만 부등식을 활용하면 쉽게 구할 수 있답니다.
정말요?
x일 후 큰 화초의 길이는 7+x, 작은 화초의 길이는 3+2x가 되겠죠? 그러니까 작은 화초의 길이가 큰 화초의 길이보다 길어지는 것은….
아, 이런 부등식이 되겠네요.
3+2x>7+x
그렇죠. 그 식에서 3을 우변으로 이항하면, 2x>7+x−3이 되고 우변을 정리하면, 2x>x+4가 되지요. 이 부등식은 어떻게 풀까요?
우변의 x를 좌변으로 이항하면 되지 않을까요? 그러면 2x−x>4가 되는데, 2x−x=x예요.
2x−x=x
따라서 주어진 부등식은 x>4가 되네요.
여기서 x는 자연수이므로 이 부등식을 만족하는 가장 작은 자연수는 5가 되요. 따라서 5일 후에 처음으로 작은 화초가 큰 화초보다 커지겠네요.
오~, 모두 잘 이해하고 있군요.
와, 진짜 부등식을 활용하니까 금방 답이 나오네요.
신기하고 재미있어요.

네 번째 수업

4

연립부등식

2개의 부등식을 동시에 만족하는 범위를 찾아봅시다.
연립부등식을 푸는 방법에 대해 알아봅시다.

4

네 번째 수업

연립부등식

교.과.연.계.	중등 수학 2-1	Ⅳ. 부등식
	고등 수학 1-1	Ⅲ. 방정식과 부등식
	고등 수학 Ⅱ	Ⅰ. 방정식과 부등식

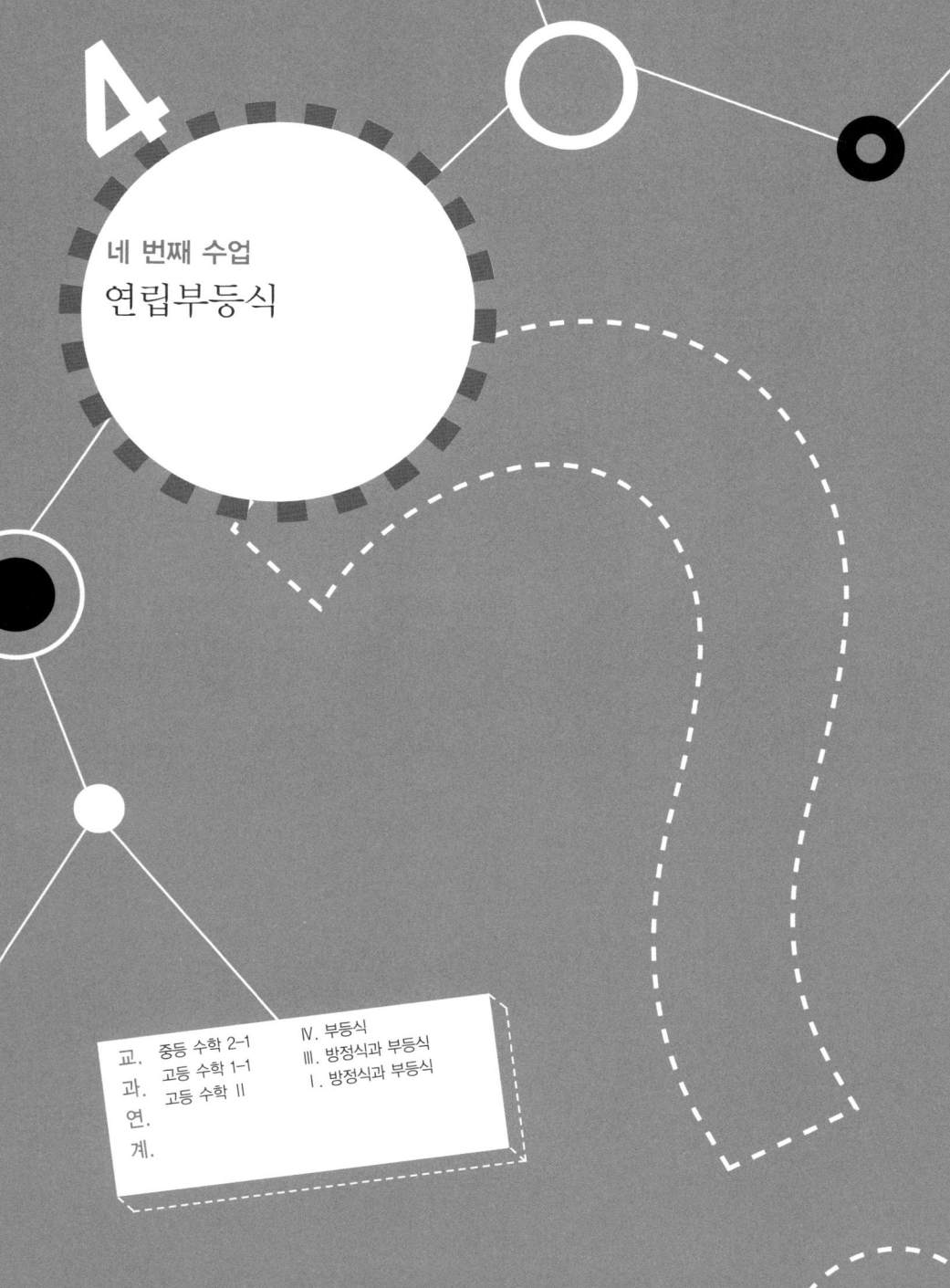

코시는 2개의 부등식을 동시에 만족하는 값을 찾자며 네 번째 수업을 시작했다.

오늘은 2개의 부등식을 동시에 만족하는 문제를 다루어 보겠습니다. 이런 부등식을 연립부등식이라고 부릅니다.

예를 들어 다음 문제를 봅시다.

어떤 정수의 2배에서 5를 빼면 7 이하이고, 그 정수의 3배에서 7을 빼면 8 이상이라고 할 때, 이런 정수를 모두 구하여라.

구하는 수를 x라고 합시다. 이 수의 2배는 $2x$이고, 이것에서 5를 빼면 $2x-5$입니다. 이것은 7 이하이므로 다음과 같이 쓸 수 있습니다.

$2x-5 \leq 7$ …… (1)

또한 구하는 수의 3배는 $3x$이고, 그것에서 7를 뺀 수는 $3x-7$입니다. 이것이 8 이상이므로

$3x-7 \geq 8$ …… (2)

이 됩니다. 그러므로 구하는 수는 2개의 부등식 (1)과 (2)를 동시에 만족해야 합니다.

그러면 먼저 부등식 (1)을 풀어 봅시다.

좌변의 −5를 이항하면,

$2x \leq 7+5$

$2x \leq 12$

가 됩니다. 이제 양변을 2로 나누면,

$x \leq 6$ …… (3)

이 됩니다.
즉, 구하는 수는 부등식 (3)을 만족해야 합니다. 이것을 수직선에 나타내면 다음과 같지요.

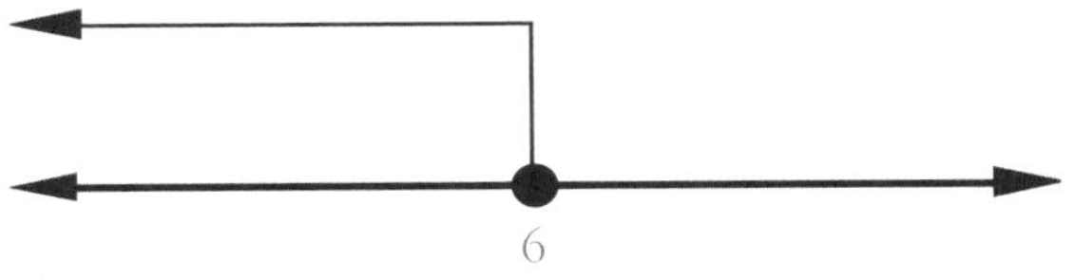

이번에는 부등식 (2)를 풀어 보죠.
좌변의 −7을 이항하면,

$3x \geq 7+8$

$3x \geq 15$

가 됩니다. 이제 부등식의 양변을 3으로 나누면,

$x \geq 5$ …… (4)

가 됩니다.

즉, 구하는 수는 부등식 (4)를 만족해야 합니다. 이것을 수직선에 나타내면 다음과 같지요.

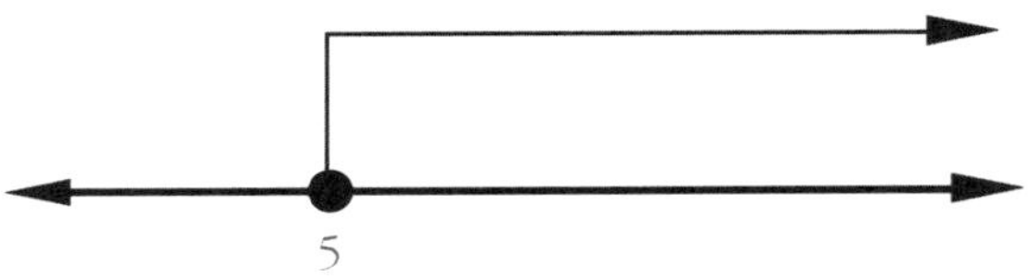

부등식 (1)과 (2)를 동시에 만족하는 x의 범위를 찾는 문제가 부등식 (3)과 (4)를 동시에 만족하는 범위를 찾는 문제로 바뀌었습니다.

이것을 풀기 위해서는 한 수직선에 다음과 같이 두 범위 (3)과 (4)를 모두 나타냅니다.

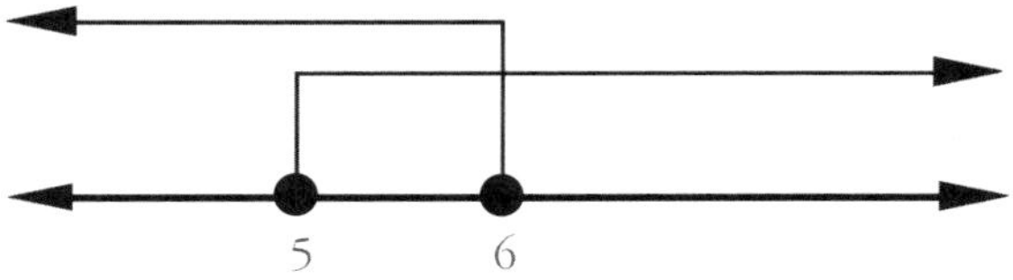

이때 공통이 되는 부분은,

$5 \leq x \leq 6$

입니다. 이것이 바로 두 부등식을 동시에 만족하는 x의 범위입니다. 즉, 이 식을 만족하는 정수는 5와 6입니다. 그러므로 구하는 정수는 5 또는 6이지요.

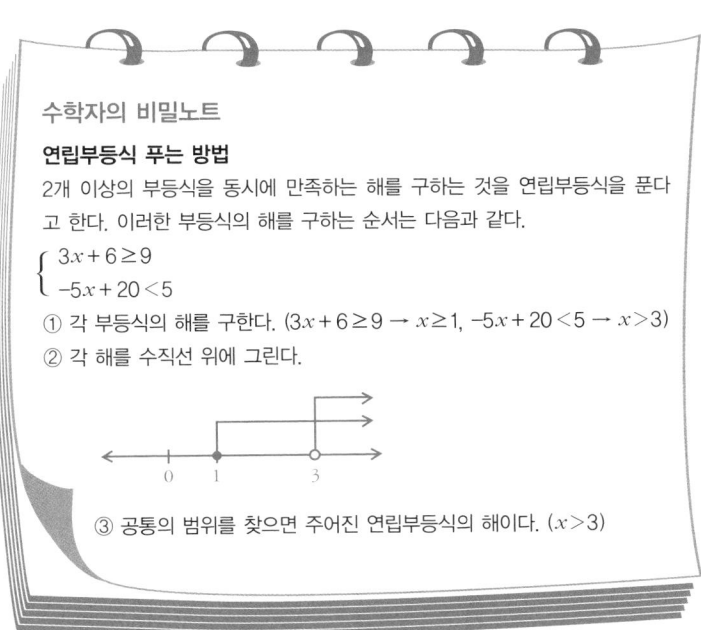

수학자의 비밀노트

연립부등식 푸는 방법

2개 이상의 부등식을 동시에 만족하는 해를 구하는 것을 연립부등식을 푼다고 한다. 이러한 부등식의 해를 구하는 순서는 다음과 같다.

$$\begin{cases} 3x+6 \geq 9 \\ -5x+20 < 5 \end{cases}$$

① 각 부등식의 해를 구한다. ($3x+6 \geq 9 \rightarrow x \geq 1$, $-5x+20 < 5 \rightarrow x > 3$)

② 각 해를 수직선 위에 그린다.

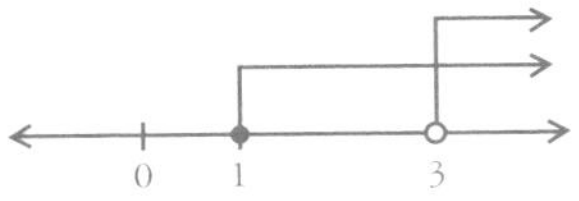

③ 공통의 범위를 찾으면 주어진 연립부등식의 해이다. ($x > 3$)

만화로 본문 읽기

선생님, 힌트 좀 주세요.
어떤 정수의 2배에서 5를 빼면 7 이하이고, 그 정수의 3배에서 7을 빼면 8 이상이다. 이런 정수를 모두 구하여라.
이 문제는 2개의 부등식을 동시에 만족하는 연립부등식을 세우면 되요.
구하는 정수를 x라고 할 때, 이 수의 2배에서 5를 빼면 (2x−5)예요. 이것이 7 이하이므로 2x−5≤7이지요.
아, 그럼 두 번째 부등식은 제가 풀어 볼게요.
2x−5≤7 … (1)
어떤 정수의 3배에서 7을 뺀 수는 (3x−7)인데 이것이 8 이상이므로 3x−7≥8이에요.
훌륭하군요.
2x−5≤7 … (1)
3x−7≥8 … (2)
이다음엔 어떻게 해야 하죠?
이제 2개의 부등식을 동시에 만족하는 수를 찾으면 되요. 부등식 (1)을 풀면 x≤6이 되고, 이것을 수직선에 나타내면 다음과 같지요.
6
x≦6
부등식 (2)는 제가 해결할게요. 부등식 (2)는 x≥5가 되고, 이것을 수직선에 나타내면 다음과 같아요.
이제 부등식 x≤6, x≥5를 동시에 만족하는 범위를 찾는 문제가 된 것이죠.
5
x≥5
두 부등식을 수직선에 함께 나타내어 공통으로 만족하는 부분을 찾으면 5≤x≤6 이지요. 이것이 바로 두 부등식을 동시에 만족하는 x의 범위랍니다.
아, 그럼 구하려는 어떤 정수는 5 또는 6이네요.
5≤x≤6
5
6

다섯 번째 수업

5

삼각형과 부등식

삼각형이 만들어질 수 있는 조건은 무엇일까요?
삼각부등식에 대해 알아봅시다.

5

다섯 번째 수업

삼각형과 부등식

교과연계

중등 수학 2-1	Ⅳ. 부등식
고등 수학 1-1	Ⅲ. 방정식과 부등식
고등 수학 1-2	Ⅰ. 도형의 방정식
고등 수학 Ⅱ	Ⅰ. 방정식과 부등식

코시는 철사와 가위,
자를 가지고 들어와
다섯 번째 수업을 시작했다.

코시는 학생들에게 9cm 철사를 3도막으로 잘라 삼각형을 만들어 보게 했다. 어떤 학생들은 삼각형을 만들 수 있었지만, 어떤 학생들은 삼각형을 만들 수 없었다.

지영이는 다음과 같이 3도막으로 잘랐군요.

이때는 삼각형이 만들어졌어요. 이 경우의 세 변 중 두 변의 길이의 합과 다른 한 변의 길이 사이의 대소를 비교해 봅시다.

$2+3>4$

$2+4>3$

$3+4>2$

어떤 두 변의 길이의 합도 다른 한 변의 길이보다 크지요? 이것을 삼각부등식이라고 부릅니다. 삼각형의 세 변의 길이는 항상 이 부등식을 만족하지요.

이번에는 기형이가 자른 3도막을 봅시다. 기형이는 다음과 같이 3도막으로 잘랐어요.

하지만 이 3도막으로는 삼각형을 만들 수 없습니다. 이 3도막으로 삼각형을 만들려면, 어떤 두 변의 길이의 합도 다른 한 변의 길이보다 커야 합니다. 하지만 기형이가 자른 3도막의 길이를 비교하면,

$1+2<6$

$1+6>2$

$2+6>1$

이 됩니다. 따라서 삼각부등식을 만족하지 않으므로 1cm, 2cm, 6cm의 도막으로는 삼각형을 만들 수 없습니다.

반사의 법칙

코시는 진우에게 A에서 말을 타고 강에 가서 말에게 물을 먹인 뒤 B에 있는 집으로 가되, 제일 짧은 거리를 선택해 가게 했다.

진우는 적당한 곳에서 말에게 물을 먹인 뒤 집에 갔다. 진우가 움직인 거리는 14km였다.

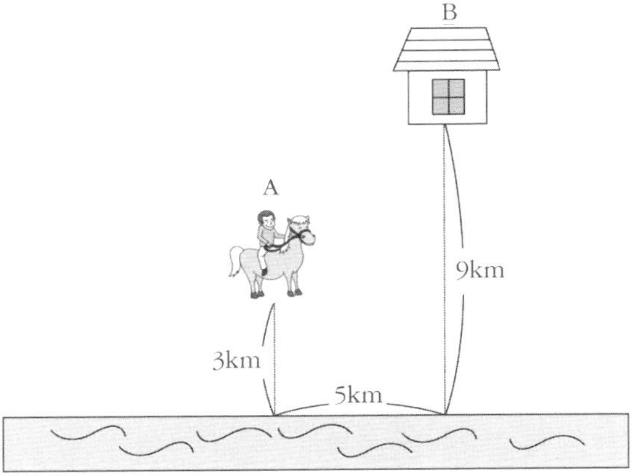

진우가 간 길이 제일 짧은 거리일까요? 그렇지 않습니다. 이 문제에도 삼각부등식을 이용할 수 있습니다.

이 문제는 다음 그림과 같이 점 A에서 출발하여 직선 L 위의 한 점 P를 지나 B에 갈 때 $\overline{AP}+\overline{PB}$가 제일 짧아지는 거리를 찾는 문제입니다.

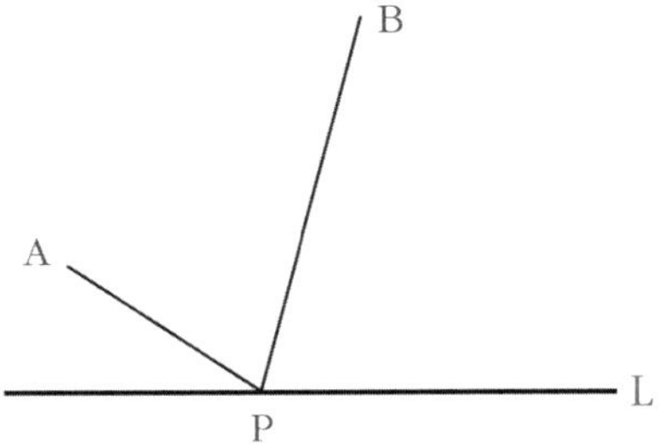

이때 점 A의 직선 L에 대한 대칭점을 A′ 이라고 합시다.

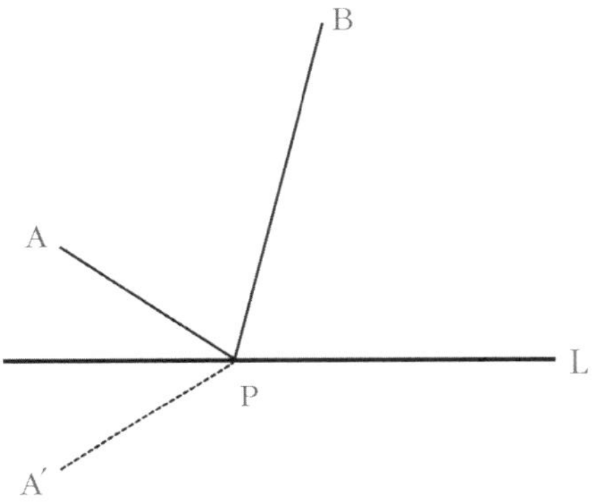

따라서 진우가 간 길은 $\overline{A'P}+\overline{PB}$와 같습니다.

이때 점 B와 A를 이어 $\overline{BA'}$이 직선 L과 만나는 점을 Q라고 합시다.

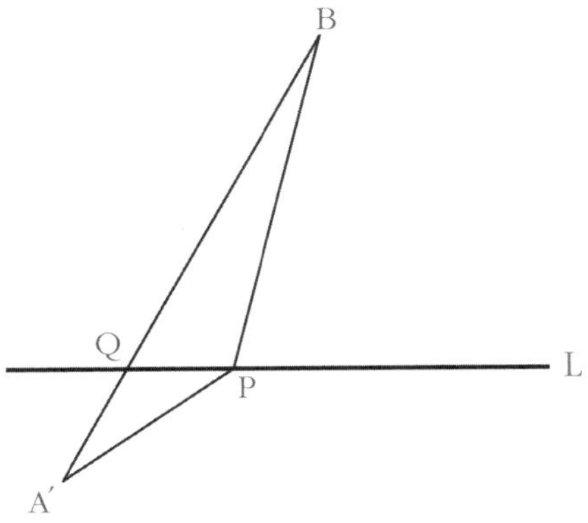

이때 삼각형 BPA′을 보면 $\overline{A'P}+\overline{PB}$는 두 변의 길이의 합이므로 삼각부등식에 의해 다른 한 변의 길이보다 큽니다.

$\overline{A'P}+\overline{PB}>\overline{A'B}$

여기서 $\overline{A'B}=\overline{A'Q}+\overline{QB}$입니다. 따라서 진우가 Q에서 말에게 물을 먹일 때 진우가 간 거리는 최소가 되지요. 이 경우 점 A′의 대칭점이 A이므로 $\overline{AQ}+\overline{QB}$가 가장 짧은 거리가 됩니다.

따라서 제일 짧은 거리는 $\overline{A'B}$이고, 이 거리를 x라고 하면 직각삼각형 BA′C′에서 피타고라스의 정리를 이용하여 x를 구할 수 있습니다.

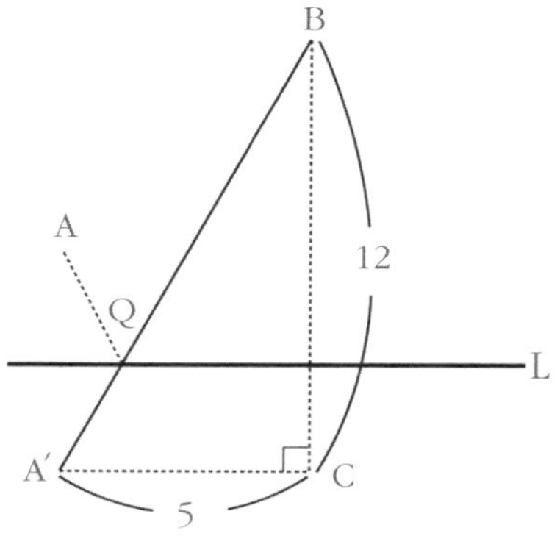

$$x^2=5^2+12^2=169$$

이므로, $x=13$이 되어 가장 짧은 거리는 13km가 되지요.

수학자의 비밀노트

피타고라스의 정리

직각삼각형 ABC에 대하여 각 꼭짓점의 대변을 a, b, c라고 하자. 이때 직각삼각형의 세 변의 길이에 대해 다음과 같은 관계가 성립한다.

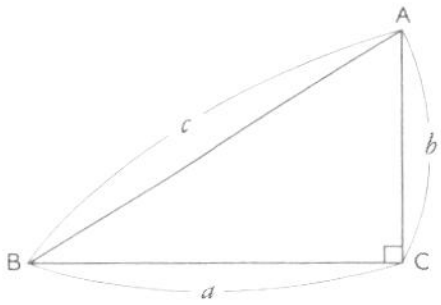

$$a^2+b^2=c^2(\angle C=90^\circ)$$

여기서 c는 빗변의 길이, 즉 빗변 길이의 제곱은 다른 두 변의 길이의 제곱의 합과 같다는 정리이다.

만화로 본문 읽기

그냥 대충 3개로 자르면 된다니까!
그러면 안 된다니까.
둘이서 왜 그렇게 다투고 있나요?
9cm 철사를 세 도막으로 잘라서 삼각형을 만들어야 하는데 영희가 자꾸 대충 자르면 안 된다고 하잖아요.
당연하지요. 삼각형의 세 변의 길이는 항상 삼각부등식을 만족해야 삼각형이 만들어진답니다.
삼각형의 세 변의 길이는 삼각부등식을 만족해야 한다.
삼각부등식이요?
어떤 두 변의 길이의 합도 다른 한 변의 길이보다 크다는 것이 삼각부등식이지요.
삼각부등식: 두 변의 길이의 합도 다른 한 변의 길이보다 크다.
그것 봐.
저는 1cm, 2cm, 6cm의 세 도막으로 자를래요.
철이가 자른 가장 짧은 두 도막의 합과 가장 긴 변의 길이를 비교하면 1+2<6이에요. 즉, 삼각부등식을 만족하지 않으니 삼각형을 만들 수 없지요.
1
2
6
저는 2cm, 3cm, 4cm의 세 도막으로 자르려고 했어요.
영희가 자른 건 어떤 두 변의 길이의 합도 다른 한 변의 길이보다 크지요. 그래서 삼각형을 만들 수 있답니다.
2
3
4
2+3>4
2+4>3
3+4>2
삼각형의 세 변의 길이는 항상 삼각부등식을 만족해야 삼각형이 만들어진다는 것을 명심하세요.
네, 명심하겠습니다.
너, 이제야 정신 차렸구나? 하하하.

여섯 번째 수업 6

사각형과 부등식

둘레가 일정할 때 넓이가 최대가 되는 사각형은 어떤 모양일까요?
사각형과 부등식과의 관계를 알아봅시다.

6

여섯 번째 수업

사각형과 부등식

교. 과. 연. 계.	중등 수학 2-1	Ⅳ. 부등식
	고등 수학 1-1	Ⅲ. 방정식과 부등식
	고등 수학 Ⅱ	Ⅰ. 방정식과 부등식

코시가 사각형과 관련된 재미있는 부등식을 소개하겠다며 여섯 번째 수업을 시작했다.

코시는 학생들에게 12cm의 철사를 나누어 주었다. 그리고 이 철사로 가로, 세로의 길이가 자연수가 되는 직사각형을 만들어보게 했다. 학생들은 여러 종류의 직사각형을 만들었다.

여러분이 만든 직사각형의 가로와 세로의 길이를 나열해 봅시다.

구분	가로(cm)	세로(cm)
직사각형 A	1	5
직사각형 B	2	4
직사각형 C	3	3
직사각형 D	4	2
직사각형 E	5	1

여기서 직사각형 A와 E, B와 D는 돌리면 겹쳐지므로 제외합시다. 그러면 3종류의 직사각형이 가능합니다. 물론 직사각형 C는 정사각형입니다. 그리고 직사각형 B가 직사각형 A보다는 정사각형에 가깝습니다.

이제 세 직사각형에 대해 긴 변의 길이와 짧은 변의 길이의 차를 적어 봅시다.

구분	가로(cm)	세로(cm)	차이(cm)
직사각형 A	1	5	4
직사각형 B	2	4	2
직사각형 C	3	3	0

그러므로 직사각형은 긴 변과 짧은 변의 차가 작을수록 정사각형에 가까워짐을 알 수 있습니다. 물론 이들 직사각형은 같은 길이의 철사로 만들었으므로 둘레의 길이가 같습니다.

이번에는 이들 직사각형의 넓이를 나열해 보겠습니다.

구분	가로(cm)	세로(cm)	차이(cm)	넓이(cm^2)
직사각형 A	1	5	4	5
직사각형 B	2	4	2	8
직사각형 C	3	3	0	9

따라서 둘레의 길이가 같을 때, 정사각형에 가까울수록 넓이가 커진다는 것을 알 수 있습니다.

왜 둘레의 길이가 일정하면, 정사각형에 가까울수록 넓이가 커지는지를 간단하게 증명할 수 있습니다. 가로의 길이가 x이고, 세로의 길이가 y인 직사각형을 봅시다. 긴 쪽이 가로가 되도록 사각형을 놓으면 x가 항상 y보다 큽니다.

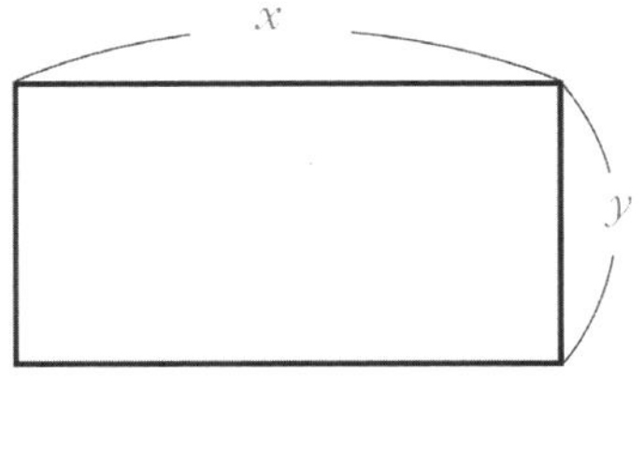

이때 일정한 둘레의 길이를 20이라고 하면,

$$x+y=10 \cdots\cdots (1)$$

이 됩니다.

x가 y보다 a만큼 길다고 합시다. 그러면

$$x=y+a \cdots\cdots (2)$$

가 됩니다. (2)를 (1)에 대입하면 $y+a+y=10$이므로

$$y=\frac{10-a}{2} \cdots\cdots (3)$$

가 됩니다.

(3)을 (2)에 대입하면,

$$x=\frac{10+a}{2}$$

가 됩니다.

이때 직사각형의 넓이를 A라고 하면,

$$A = x \times y$$

$$= \frac{10+a}{2} \times \frac{10-a}{2}$$

$$= \frac{1}{4}(100-a^2)$$

이 됩니다. 그러므로 a^2이 작을수록 A가 커지게 됩니다. a^2이 작다는 것은 a가 작다는 것이고, a가 작다는 것은 정사각형에 가까운 직사각형을 뜻합니다.

그러므로 둘레의 길이가 일정할 때는 정사각형에 가까운 직사각형의 넓이가 가장 큽니다. 물론 $a^2=0$일 때, 즉 $a=0$일 때 최대의 넓이가 됩니다. $a=0$는 $x=y$를 의미하므로 정사각형일 때를 말합니다.

일곱 번째 수업

7

여러 가지 평균 이야기

평균에는 산술평균, 기하평균, 조화평균이 있습니다.
3가지 종류의 평균의 차이에 대해 자세히 알아봅시다.

7

일곱 번째 수업

여러 가지 평균 이야기

교. 과. 연. 계.

중등 수학 2-1	Ⅳ. 부등식
고등 수학 1-1	Ⅲ. 방정식과 부등식
고등 수학 Ⅱ	Ⅰ. 방정식과 부등식

코시는 여러 가지 평균을 소개하겠다며 일곱 번째 수업을 시작했다.

오늘은 여러 가지 평균에 대해 알아보겠습니다.

평균에는 산술평균, 기하평균, 조화평균이 있습니다.

__ 저희에게 익숙한 평균부터 소개해 주세요.

그래요. 그럼 이 중에서 우리가 가장 많이 사용하는 평균인 산술평균에 대해 먼저 알아보겠습니다.

코시는 손에 숫자 카드 더미를 쥐고 와서는 다음과 같은 3장의 카드를 학생들에게 보여 주었다.

여기서 1, 2, 3 사이의 관계는 다음과 같습니다.

$$2=\frac{1+3}{2}.$$

이렇게 두 수의 합을 2로 나눈 것을 두 수의 산술평균이라고 부릅니다.

A와 B의 산술평균은 $\frac{A+B}{2}$ 이다.

코시는 다른 3장의 카드를 학생들에게 보여 주었다.

여기서 11, 12, 13 사이의 관계는 다음과 같습니다.

$$12 = \frac{11+13}{2}$$

이렇게 세 수가 연속될 때 가운데 수는 다른 두 수의 산술 평균이 됩니다. 수가 연속된다는 것은 수가 1씩 커진다는 것을 의미합니다. 그러므로 11, 12, 13은 다음과 같이 쓸 수 있습니다.

12−1, 12, 12+1

이때 12−1과 12+1의 산술평균은 $\frac{(12-1)+(12+1)}{2}=12$가 됩니다.

그러면 연속인 세 수의 경우만 그럴까요? 다음 세 수를 봅시다.

2, 5, 8

이 수들은 3씩 커지고 있습니다.

이때 세 수 사이의 관계는

$$5 = \frac{2+8}{2}$$

입니다. 그러므로 5가 2와 8의 산술평균입니다. 즉, 어떤 세 수가 일정한 수만큼 커지면 가운데 있는 수는 다른 두 수의 산술평균입니다.

기하평균

이번에는 기하평균에 대해 알아보겠습니다.

코시는 카드 더미에서 다음과 같은 3장의 카드를 집어서 학생들에게 보여 주었다.

이 세 수는 앞의 수에 2씩 곱한 것입니다.

$4 = 2 \times 2$

$8 = 4 \times 2$

이때 4는 2와 8의 산술평균일까요? $\frac{2+8}{2}=5$이므로 4와 같지 않습니다. 이때 4는 2와 8의 산술평균이 아닙니다. 세 수 사이의 관계는 다음과 같습니다.

$4^2=2\times8$

즉, 가운데 수의 제곱이 다른 두 수의 곱과 같습니다. 이때 4를 2와 8의 기하평균이라고 부릅니다.

A와 B의 기하평균을 G라고 하면 $G^2=A\times B$ 이다.

기하평균의 예를 찾아봅시다.

코시는 양팔 저울을 가지고 왔다. 하지만 양쪽 팔의 길이가 달랐다.

이 저울은 팔의 길이가 다릅니다. 이 저울을 이용하여 쇠구슬의 질량을 재 보겠습니다.

코시가 왼쪽에 쇠구슬을 올려 놓고 오른쪽에 8kg의 추를 놓았더니 저울이 수평을 이루었다.

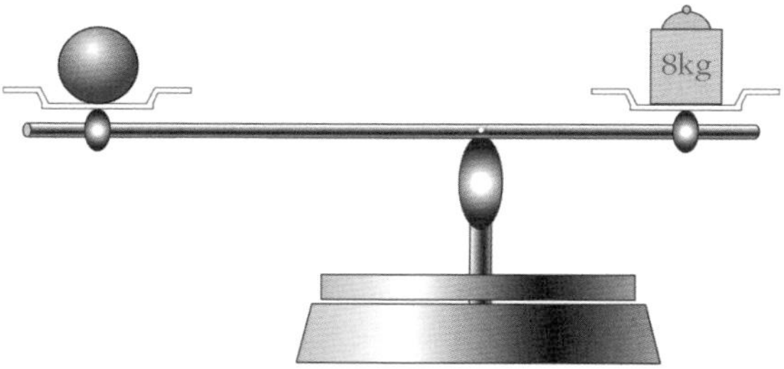

이번에는 오른쪽에 쇠구슬을 올려놓고 왼쪽에 2kg의 추를 놓았더니 저울이 수평을 이루었다.

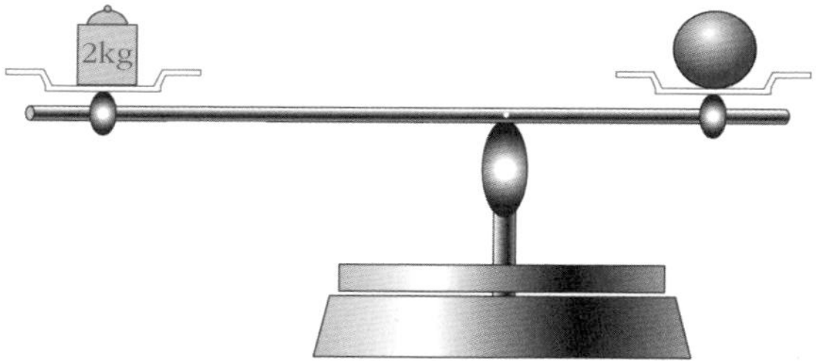

쇠구슬의 질량을 $x$kg이라고 하고, 저울의 왼쪽 팔의 길이를 a, 오른쪽 팔의 길이를 b라고 합시다.

먼저 왼쪽에 쇠구슬을 올려놓은 경우를 봅시다.

지레의 원리에 의해 다음과 같이 됩니다.

$$x \times a = 8 \times b \cdots\cdots (1)$$

이번에는 오른쪽에 물체를 올려놓은 경우를 봅시다. 지레의 원리에 의해 다음과 같이 됩니다.

$2\times a = x\times b$ …… (2)

이 두 식에서 x를 구할 수 있습니다. (2)를 다음과 같이 씁시다.

$x\times b = 2\times a$ …… (3)

(1)과 (3)을 좌변은 좌변끼리 우변은 우변끼리 곱하면

$x\times a\times x\times b = 8\times b\times 2\times a$

가 되고, 양변을 $a\times b$로 나누면

$x\times x = 8\times 2$

$x^2 = 4^2$

이 됩니다. 이때 쇠구슬의 질량은 4kg이고 왼쪽과 오른쪽에

놓았던 추의 질량의 기하평균이 됨을 알 수 있습니다.

조화평균

다음 세 수를 봅시다.

$$1, \frac{1}{2}, \frac{1}{3}$$

__세 수는 아무런 관계가 없어 보여요.

그래요. 이 세 수 사이에는 아무런 관계가 없어 보입니다. 하지만 세 수의 역수를 취해 봅시다.

$$1, 2, 3$$

여기서 2는 1과 3의 산술평균입니다.

$$2 = \frac{1+3}{2}$$

이 식의 역수를 취하면

$$\frac{1}{2} = \frac{2}{1+3}$$

가 됩니다. 우변의 분자와 분모에 똑같이 $\frac{1}{3}$을 곱하면

$$\frac{1}{2} = \frac{2 \times 1 \times \frac{1}{3}}{(1+3) \times \frac{1}{3}}$$

$$\frac{1}{2} = \frac{2 \times 1 \times \frac{1}{3}}{1 + \frac{1}{3}}$$

이 됩니다. 이것은 1, $\frac{1}{2}$, $\frac{1}{3}$ 사이의 관계입니다. 이때 가운데 있는 수 $\frac{1}{2}$을 1과 $\frac{1}{3}$의 조화평균이라고 부릅니다.

A와 B의 조화평균은 $\frac{2 \times A \times B}{A+B}$ 이다.

속력과 산술평균

코시는 민지에게 3초 동안 초속 5m의 속력으로 가다가 다음 3초 동안 초속 7m의 속력으로 가게 했다.

민지는 3초 동안은 느리게 가다가 다음 3초 동안 빨라졌군요.

이때 민지의 6초 동안의 속력은 얼마가 될까요? 거리는 속력과 시간의 곱이므로 다음과 같이 계산할 수 있습니다.

처음 3초 동안 간 거리(m) $= 5 \times 3$

다음 3초 동안 간 거리(m) $= 7 \times 3$

따라서 민지가 움직인 전체 거리는

$5 \times 3 + 7 \times 3$

이 됩니다. 그런데 민지가 움직인 시간은 6초이므로 민지의 6초 동안의 속력은

$$\frac{5\times3+7\times3}{6}$$

가 되고, 3으로 약분하면

$$\frac{5+7}{2}\,(\text{m/초})$$

이 됩니다. 즉, 같은 시간 동안 달라지는 속력에 대한 평균은 산술평균이 됩니다.

속력과 조화평균

이번에는 속력과 조화평균 사이의 관계를 알아봅시다.

코시는 민지에게 12m의 거리를 갈 때는 초속 2m의 속력으로, 올 때는 초속 3m의 속력으로 오게 했다.

민지는 처음 12m를 갈 때는 느리게 갔다가 돌아올 때는 빨라졌군요. 이때 민지가 왕복하는 데 걸린 속력은 얼마가 될까요? 시간은 거리를 속력으로 나눈 값이므로

12m를 갈 때 걸린 시간(초) $= \frac{12}{2}$

12m를 올 때 걸린 시간(초) $= \frac{12}{3}$

가 되고, 따라서 민지가 걸린 전체 시간은

$$\frac{12}{2} + \frac{12}{3}$$

가 됩니다. 민지가 움직인 거리는 2×12이므로, 민지의 속력은

$$\frac{2 \times 12}{\frac{12}{2} + \frac{12}{3}}$$

가 되고, 분모 분자를 12로 나누면

$$\frac{2}{\frac{1}{2} + \frac{1}{3}}$$

가 되며, 분모와 분자에 2×3을 곱하면

$$\frac{2\times2\times3}{3+2}\ (\mathrm{m}/\text{초})$$

이 됩니다. 즉, 같은 거리를 가는데 달라지는 속력에 대한 평균은 조화평균이 됩니다.

만화로 본문 읽기

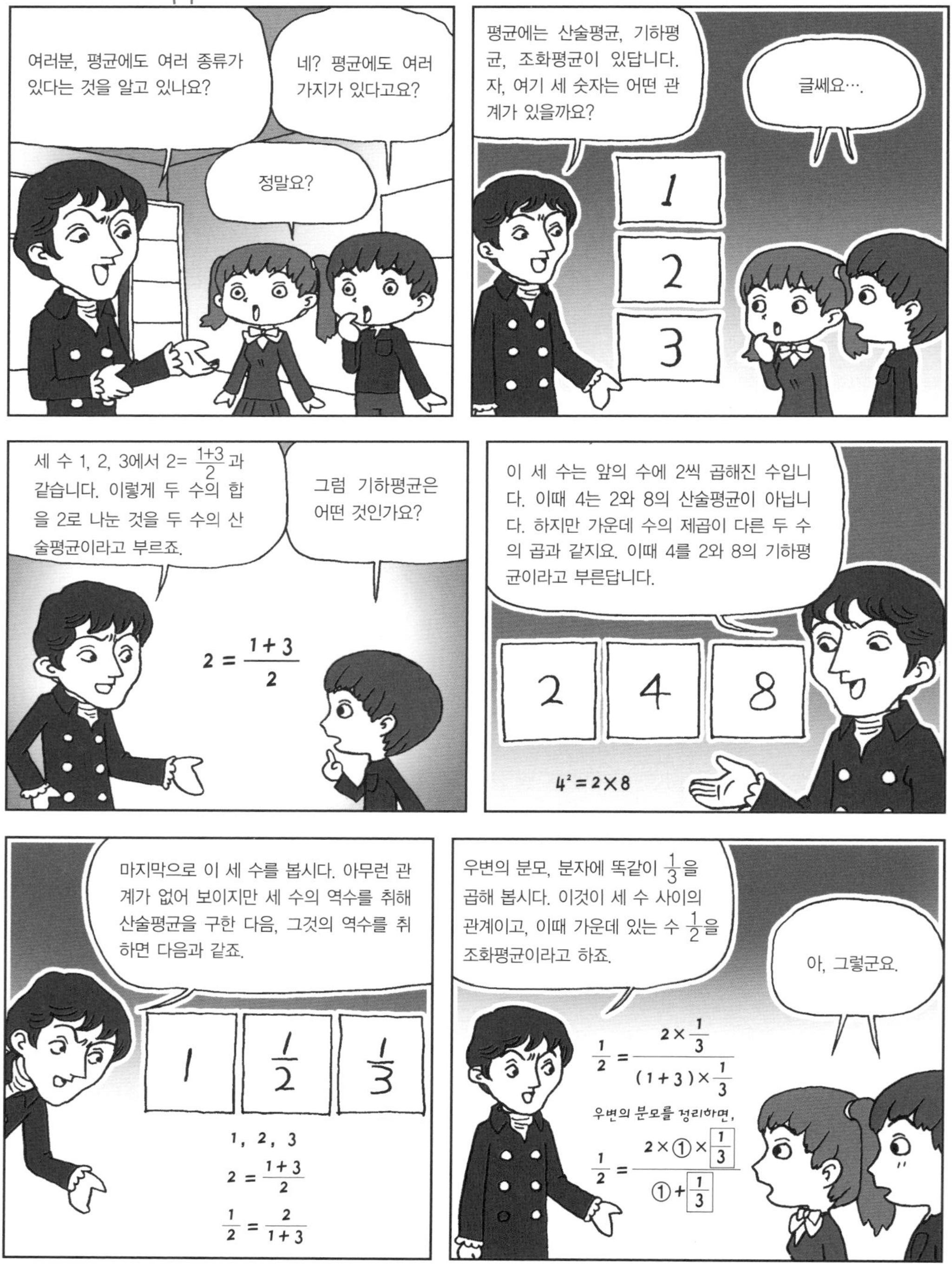

여러분, 평균에도 여러 종류가 있다는 것을 알고 있나요?
네? 평균에도 여러 가지가 있다고요?
정말요?
평균에는 산술평균, 기하평균, 조화평균이 있답니다. 자, 여기 세 숫자는 어떤 관계가 있을까요?
글쎄요….
1
2
3
세 수 1, 2, 3에서 2= $\frac{1+3}{2}$ 과 같습니다. 이렇게 두 수의 합을 2로 나눈 것을 두 수의 산술평균이라고 부르죠.
그럼 기하평균은 어떤 것인가요?
$2 = \frac{1+3}{2}$
이 세 수는 앞의 수에 2씩 곱해진 수입니다. 이때 4는 2와 8의 산술평균이 아닙니다. 하지만 가운데 수의 제곱이 다른 두 수의 곱과 같지요. 이때 4를 2와 8의 기하평균이라고 부른답니다.
2 4 8
$4^2 = 2 \times 8$
마지막으로 이 세 수를 봅시다. 아무런 관계가 없어 보이지만 세 수의 역수를 취해 산술평균을 구한 다음, 그것의 역수를 취하면 다음과 같죠.
1 $\frac{1}{2}$ $\frac{1}{3}$
1, 2, 3
$2 = \frac{1+3}{2}$
$\frac{1}{2} = \frac{2}{1+3}$
우변의 분모, 분자에 똑같이 $\frac{1}{3}$을 곱해 봅시다. 이것이 세 수 사이의 관계이고, 이때 가운데 있는 수 $\frac{1}{2}$을 조화평균이라고 하죠.
아, 그렇군요.
$\frac{1}{2} = \frac{2 \times \frac{1}{3}}{(1+3) \times \frac{1}{3}}$
우변의 분모를 정리하면,
$\frac{1}{2} = \frac{2 \times ① \times \boxed{\frac{1}{3}}}{① + \boxed{\frac{1}{3}}}$

여덟 번째 수업

8

재미있는 부등식

산술평균, 기하평균, 조화평균 중 가장 큰 것은 무엇일까요?
세 평균의 크기를 비교해 봅시다.

8

여덟 번째 수업

재미있는 부등식

교.
과.
연.
계.

중등 수학 2-1 Ⅳ. 부등식
고등 수학 1-1 Ⅲ. 방정식과 부등식
고등 수학 Ⅱ Ⅰ. 방정식과 부등식

코시는 세 평균 중 가장 큰 값을 구해 보자며 여덟 번째 수업을 시작했다.

다음 두 수를 봅시다.

2, 8

두 수의 세 평균을 구하면 다음과 같습니다.

산술평균 = 5

기하평균 = 4

조화평균 = 3.2

그러므로 다음과 같이 말할 수 있습니다.

(산술평균) > (기하평균) > (조화평균)

두 수가 같을 때는 어떻게 될까요?
다음 두 수를 봅시다.

3, 3

이 두 수의 세 평균을 구해 봅시다.

산술평균 = 3
기하평균 = 3
조화평균 = 3

그러므로 다음과 같이 말할 수 있습니다.

(산술평균) = (기하평균) = (조화평균)

이 두 가지 사실을 종합하면 다음과 같습니다.

(산술평균) ≤ (기하평균) ≥ (조화평균)

이때 등호는 두 수가 같을 때 성립합니다.

산술평균과 기하평균

두 양수 A, B에 대해 산술평균은 $\frac{A+B}{2}$입니다. 또한 기하평균을 x라고 하면, $x^2=AB$입니다.

이때 제곱하여 □가 되는 수를 $\sqrt{\square}$라고 합니다. 예를 들어 $\sqrt{2}$는 $x^2=2$를 만족하는 수입니다. 또한 $\sqrt{4}$는 $x^2=4$를 만족합니다. 이때 $4=2^2$이므로 $x=2$는 $x^2=4$를 만족합니다. 그러므로 $\sqrt{4}=\sqrt{2^2}=2$가 되지요.

이렇게 $\sqrt{\ }$(루트)안에 어떤 수의 제곱이 있으면 $\sqrt{\ }$가 벗겨지고 어떤 수만이 남게 됩니다.

예를 들면 다음과 같죠.

$$\sqrt{1} = \sqrt{1^2} = 1$$
$$\sqrt{4} = \sqrt{2^2} = 2$$
$$\sqrt{9} = \sqrt{3^2} = 3$$

하지만 제곱수가 아닐 때는 $\sqrt{\ }$가 벗겨지지 않습니다. 따라서 x^2=AB를 만족하는 x는 $x=\sqrt{AB}$입니다. 그러므로 산술평균과 기하평균의 관계는 다음 부등식으로 나타낼 수 있습니다.

$$\frac{A+B}{2} \geq \sqrt{AB}$$

이 식은 다음과 같이 쓸 수도 있습니다.

$$A+B \geq 2\sqrt{AB}$$

이 부등식은 양수 A, B에 대해 A+B의 최솟값이 $2\sqrt{AB}$라는 것을 의미합니다. 최소일 경우는 물론 등호가 성립하는 경우이므로 A=B일 때입니다.

이 등식을 이용하면 어떤 양의 최솟값을 구할 수 있습니다. 예를 들어 x가 양수라고 해 보죠. 이때 $x+\frac{1}{x}$의 최솟값을 구해 봅시다.

몇 가지 x의 값에 대해 조사하면 다음과 같습니다.

x	$\frac{1}{3}$	$\frac{1}{2}$	1	2	3
$x+\frac{1}{x}$	3.333⋯	2.5	2	2.5	3.333⋯

따라서 $x=1$일 때 $x+\frac{1}{x}$이 최소가 된다는 것을 알 수 있습니다. 이것은 다음과 같이 증명할 수 있습니다.

$$x+\frac{1}{x} \geq 2\sqrt{x\times\frac{1}{x}}$$
$$x+\frac{1}{x} \geq 2$$

그러므로 $x+\frac{1}{x}$의 최솟값은 2이고, 이것은 $x=\frac{1}{x}$일 때 생깁니다. 즉 $x=\frac{1}{x}$을 만족하는 양수 x의 값은 1이므로, $x+\frac{1}{x}$은 $x=1$일 때 최솟값 2를 가집니다.

둘레가 일정한 직사각형의 넓이

앞에서 둘레가 일정한 직사각형 중 넓이가 가장 큰 경우는 정사각형이라는 것을 배웠습니다.

이제 이것을 다른 말로 표현하면 '산술평균이 기하평균보다 크거나 같기 때문이다' 라고 할 수 있습니다.

직사각형의 둘레의 길이를 20이라고 하고, 가로의 길이를 x, 세로의 길이를 y라고 하면,

$$x+y=10 \cdots\cdots (1)$$

이 됩니다. 이때 직사각형의 넓이는 $A=x \times y$입니다. 이때 x, y는 모두 양수이므로,

$$x+y \geq 2\sqrt{x \times y} \cdots\cdots (2)$$

가 됩니다. (1)을 (2)에 넣으면,

$$10 \geq 2\sqrt{x \times y}$$

가 되고, 양변을 2로 나누면,

$$5 \geq \sqrt{A}$$

가 됩니다. 양변을 제곱하면,

$$25 \geq A,\ \text{즉}\ A \leq 25$$

가 되므로 넓이의 최댓값은 25이고, 그것은 $x=y$일 때입니

다. 즉, 정사각형일 때 넓이가 최대가 되지요.

도시에 도로 만들기

예를 들어, 넓이가 300km^{2}인 직사각형 모양의 도시가 있다고 합시다. 이 도시에 그림과 같은 도로를 만들려고 합니다.

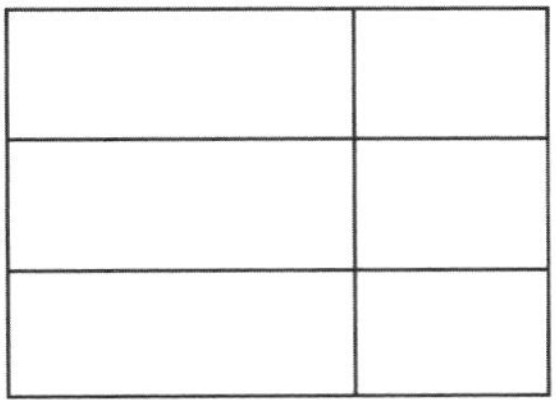

이때 각 도로에 1km마다 표지판을 세우려고 한다면, 필요한 가장 작은 표지판의 개수는 몇 개일까요?

이 문제를 해결하기 위해서 먼저 알아야 할 것이 있습니다.

코시는 4m가 되도록 바닥에 줄을 그렸다. 그리고 학생들을 1m 간격으로 세웠다.

학생이 4명이 아니라 5명이 필요하지요? 즉, 필요한 아이들의 수는 (4+1)명입니다. 이것은 길이가 □m인 도로에 1m 간격으로 표지판을 세운다면 (□+1)개의 표지판이 필요하다는 것을 말해 줍니다.

그림과 같이 도로의 가로 길이를 x, 세로 길이를 y라고 합시다.

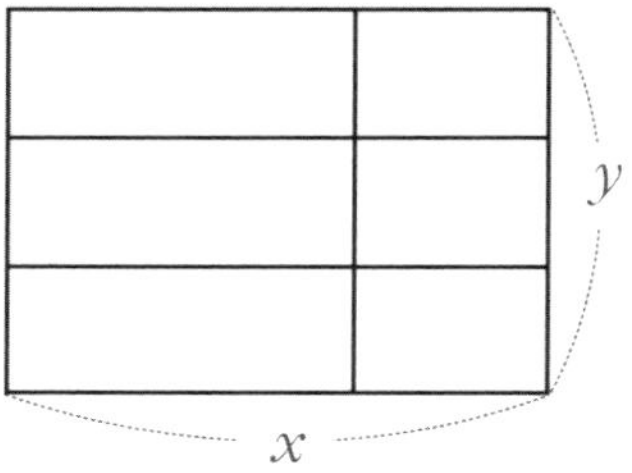

이때 길이가 x인 도로가 4개, 길이가 y인 도로가 3개 있습니다. 도시의 넓이가 300km²이므로, $xy=300$입니다.

$x$km인 도로에는 $(x+1)$개의 표지판이 필요하고, $y$km인 도로에는 $(y+1)$개의 표지판이 필요합니다. 그런데 두 선이 만나는 곳은 x인 도로에도, y인 도로에도 계산되니까 중복으로 헤아려졌습니다. 그러니까 그 개수만큼 빼 주어야 하지요.

따라서 표지판의 개수는 다음과 같습니다.

$$4(x+1)+3(y+1)-12=4x+3y-5$$

이때 (산술평균) ≧ (기하평균)이므로

$$4x+3y-5 \geq 2\sqrt{4x \times 3y}-5$$

가 되고, $xy=300$이므로,

$$4x+3y-5 \geq 115$$

입니다. 그러므로 표지판의 개수는 115개 이상이어야 합니다.

만화로 본문 읽기

선생님~, 저 좀 도와주세요. 아무리 생각해도 자꾸 헷갈려서….
무슨 일이시죠?
넓이가 $300m^2$인 직사각형 모양의 땅에 이렇게 울타리를 만들려고 하는데 각 1m마다 기둥을 세워야 하거든요. 기둥의 개수를 최소한으로 하고 싶은데, 그게 몇 개인지 모르겠어요.
아, 그건 부등식으로 구할 수 있겠는데요?
부등식으로?
네, 그림과 같이 가로의 길이를 xm, 세로의 길이를 ym라고 하면, x인 울타리가 4개, y인 울타리가 3개가 되요. 그런데 땅의 넓이가 $300m^2$이므로 xy=300이 되죠?
y
x
그러면 길이가 x인 울타리는 (x+1)개, 길이가 y인 울타리는 (y+1)개가 필요해요. 그런데 중복으로 헤아려진 곳은 그 개수만큼 빼야 해요. 그래서 기둥의 개수는 다음과 같지요.
y
x
$4(x+1)+3(y+1)-12=4x+3y-5$
와~,
철수 군 대단하네요.
이때 (산술평균)≥(기하평균)이므로 다음과 같이 정리됩니다. 따라서 기둥의 개수는 115개 이상이어야 하는 것이죠.
$4x+3y-5\geq 2\sqrt{4x\times 3y}-5$
xy=300이므로,
$4x+3y-5\geq 115$
오호~,
그러네요.
하하, 철수 군도 이제 부등식 박사가 다 됐군요.
선생님 덕분이죠.
맞아요, 하하하!

마 지 막 수 업 9

산업에의 이용

산업에서 부등식을 이용하는 경우가 있습니다.
부등식을 이용하여 최고의 이익을 올리는 방법을 알아봅시다.

9

마지막 수업

산업에의 이용

교.	중등 수학 2-1	Ⅳ. 부등식
과.	고등 수학 1-1	Ⅲ. 방정식과 부등식
연.	고등 수학 1-2	Ⅰ. 도형의 방정식
계.	고등 수학 Ⅱ	Ⅰ. 방정식과 부등식

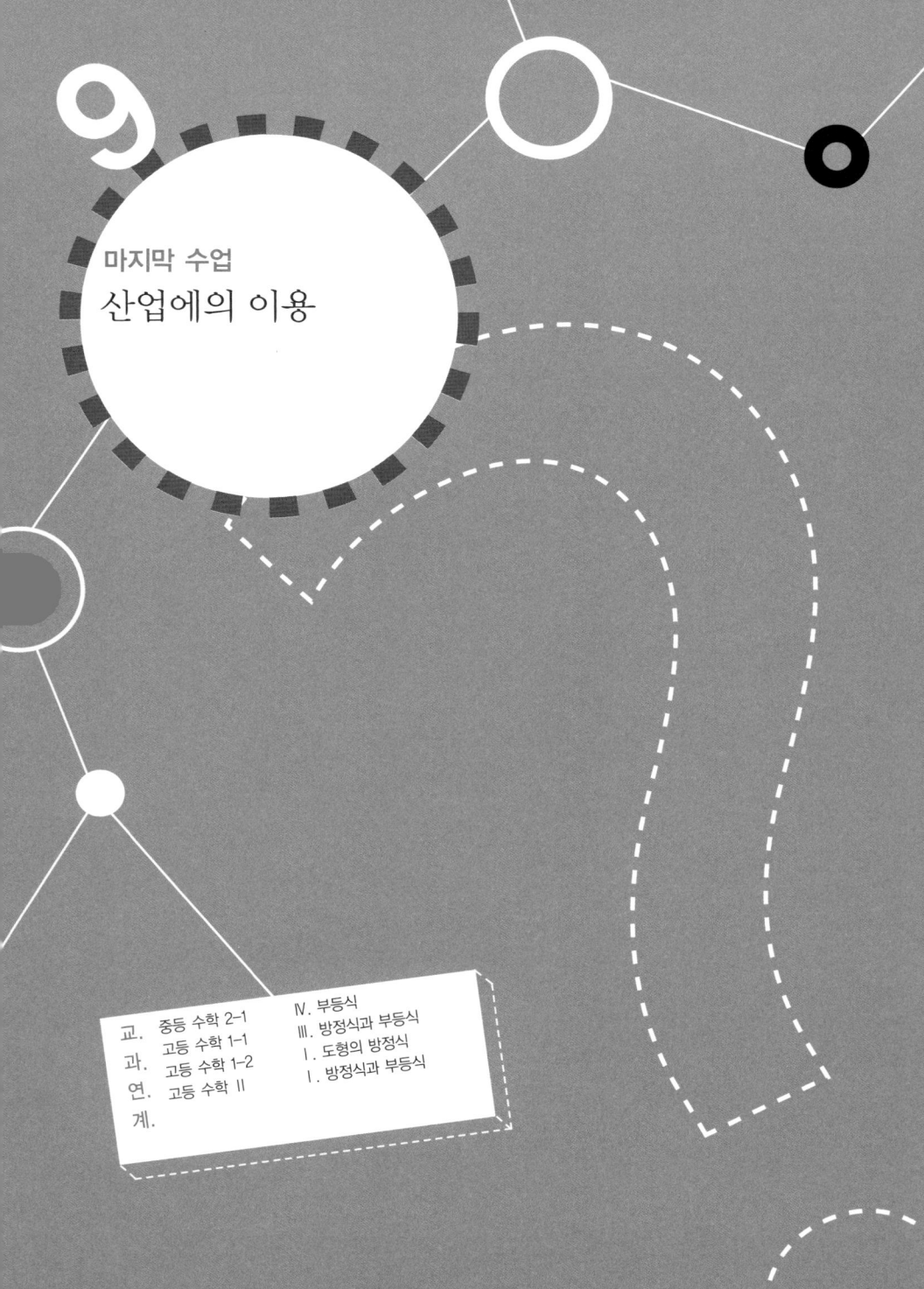

코시는 부등식을 배우는 이유를 설명하겠다며 마지막 수업을 시작했다.

부등식을 왜 배워야 할까요? 그것은 우리가 사는 생활에서 부등식을 이용하는 예가 많기 때문입니다. 또한 부등식은 산업에서도 좀 더 높은 이익을 올리기 위해 사용됩니다. 오늘은 그런 예를 한번 보겠습니다.

예를 들어, 어떤 회사에서 초콜릿을 생산한다고 합시다. 초콜릿 재료에는 원가가 싼 보통품과 원가가 비싼 특품의 2종류가 있습니다. 초콜릿 재료에는 3종류의 서로 다른 물질이 들어 있는데 보통품과 특품의 봉지에 들어 있는 3종류의 물질의 양은 다음과 같습니다.

구 분	A(g)	B(g)	C(g)
보통품	3	4	1
특 품	2	6	3

이 둘을 섞어 최고급 초콜릿을 만들려고 하는데, 그 초콜릿에는 A물질이 10g, B물질이 20g, C물질이 7g 이하로 들어가야만 합니다. 보통품 재료 1봉지의 원가는 3000원, 특품 재료 1봉지의 원가는 4000원일 때, 가장 원가가 비싼 초콜릿을 만들려면 각각의 재료를 몇 봉지씩 넣어야 할까요?

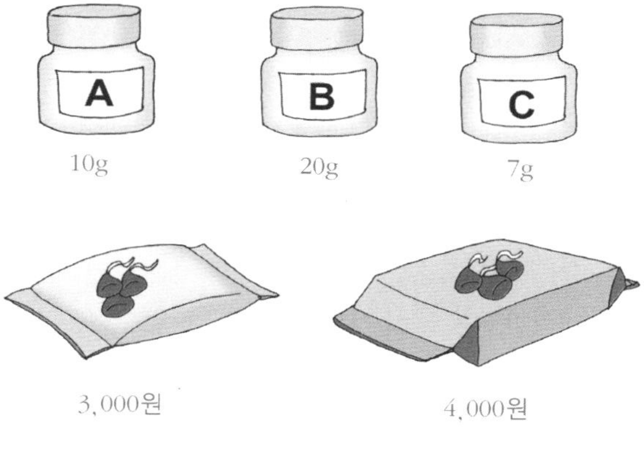

굉장히 어려워 보이는 문제입니다. 하지만 부등식을 이용하여 해결할 수 있습니다.

보통품을 x봉지, 특품을 y봉지 산다고 합시다. 그리고 초

콜릿의 값을 P원이라고 하면,

$$P = 3000 \times x + 4000 \times y = 3000x + 4000y$$

가 됩니다.

그러므로 P가 커지도록 x와 y의 값을 선택해야 합니다. 물론 값이 비싼 특품 재료를 많이 넣으면 넣을수록 초콜릿의 원가가 늘어납니다. 하지만 초콜릿 안에 포함될 세 물질의 양에는 제한이 있습니다.

우선 A물질의 경우를 보죠. 보통품 x봉지와 특품 y봉지에 들어 있는 A물질의 양은 다음과 같습니다.

보통품 x봉지의 A물질의 양(g) $= 3 \times x = 3x$
특품 y봉지의 A물질의 양(g) $= 2 \times y = 2y$

전체적으로 A물질은 10g 이하이므로

$$3x + 2y \leq 10$$

입니다.

B물질의 경우를 보죠. 보통품 x봉지와 특품 y봉지에 들어 있는 B물질의 양은 다음과 같습니다.

보통품 x봉지의 B물질의 양(g)$=4\times x=4x$
특품 y봉지의 B물질의 양(g)$=6\times y=6y$

전체 B물질의 양이 20g 이하이어야 하므로,

$$4x+6y\leq 20$$

입니다.

마지막으로 C물질의 경우를 보죠. 보통품 x봉지와 특품 y봉지에 들어 있는 C물질의 양은 다음과 같습니다.

보통품 x봉지의 C물질의 양(g)$=1\times x=x$
특품 y봉지의 C물질의 양(g)$=3\times y=3y$

전체 C물질의 양이 7g 이하이어야 하므로,

$$x+3y\leq 7$$

입니다.

따라서 두 재료의 봉지의 수는 다음 세 부등식을 동시에 만족해야 합니다.

$$3x+2y \le 10$$
$$4x+6y \le 20$$
$$x+3y \le 7$$

이제 이 부등식을 만족하는 x와 y의 값을 찾아봅시다. 2개의 문자 x, y가 있으므로 특품이 0봉지 들어간다고 하면 $y=0$이므로,

$$3x \le 10 \quad \rightarrow \quad x \le \frac{10}{3}$$
$$4x \le 20 \quad \rightarrow \quad x \le 5$$
$$x \le 7 \quad \rightarrow \quad x \le 7$$

이 되는데, 이때 세 경우를 모두 만족하는 x의 값은 0, 1, 2, 3입니다. 그러므로 가능한 (x, y)의 값은 다음과 같죠.

$$(0, 0), (1, 0), (2, 0), (3, 0)$$

특품이 1봉지 들어간다고 하면 $y=1$이므로,

$3x+2 \le 10 \quad \rightarrow \quad x \le \frac{8}{3}$

$4x+6 \le 20 \quad \rightarrow \quad x \le 3.5$

$x+3 \le 7 \quad \rightarrow \quad x \le 4$

가 되는데, 세 경우를 모두 만족하는 x의 값은 0, 1, 2입니다. 그러므로 가능한 (x, y)의 값은 다음과 같죠.

(0, 1), (1, 1) , (2, 1)

특품이 2봉지 들어간다고 하면 $y=2$이므로,

$3x+4 \le 10 \quad \rightarrow \quad x \le 2$

$4x+12 \le 20 \quad \rightarrow \quad x \le 2$

$x+6 \le 7 \quad \rightarrow \quad x \le 1$

이 되는데, 이때 세 경우를 모두 만족하는 x의 값은 0, 1입니다. 그러므로 가능한 (x, y)의 값을 모두 쓰면 다음과 같죠.

$(0, 2), (1, 2)$

특품이 3봉지 들어간다고 하면 $y=3$이므로

$3x+6 \le 10 \quad \rightarrow \quad x \le 4$

$4x+18 \le 20 \quad \rightarrow \quad x \le 2$

$x+9 \le 7 \quad \rightarrow \quad x \le -2$

가 됩니다. 그러나 이것을 동시에 만족하는 0 이상의 정수 x의 값은 없습니다.

특품이 4봉지 이상 들어가는 경우에도 그렇습니다. 그러므로 가능한 모든 경우의 (x, y)의 값은 다음과 같습니다.

$(0, 0), (1, 0), (2, 0), (3, 0), (0, 1), (1, 1), (2, 1),$

$(0, 2), (1, 2)$

이제 각각의 경우에 대해서 초콜릿의 원가 $P=3000x+4000y$를 계산해 봅시다.

다음과 같이 표를 만들면 한눈에 쉽게 보입니다.

x(봉지)	y(봉지)	P(원)
0	0	0
1	0	3,000
2	0	6,000
3	0	9,000
0	1	4,000
1	1	7,000
2	1	10,000
0	2	8,000
1	2	11,000

따라서 $x=1$, $y=2$일 때 P가 가장 큽니다. 즉, 보통품 1봉지와 특품 2봉지를 섞어 초콜릿을 만들면 조건을 만족하면서 원가가 가장 비싼 초콜릿이 만들어지지요.

만화로 본문 읽기

선생님께선 부등식에 왜 그렇게 관심이 많으신 거죠?
우리 생활에서 부등식을 이용하는 예가 많기 때문입니다. 또한 부등식은 산업에서 좀 더 높은 이익을 올리기 위해 사용되기도 한답니다.
정말요?
예를 들어, 초콜릿을 생산하는 회사가 있다고 합시다. 각 재료에는 세 종류의 물질이 다음과 같이 들어간다고 합니다.
구 분 | A(g) | B(g) | C(g)
보통품 | 3 | 4 | 1
특품 | 2 | 6 | 3
최고급 초콜릿을 만드는 데 들어갈 A, B, C 물질의 양과 한 봉지당 재료 원가가 다음과 같다고 합니다. 가장 원가가 비싼 초콜릿을 만들려면 각각 몇 봉지씩 넣어야 할까요?
선생님이 분명 부등식으로 푸실 거라는 건 알고 있는데⋯.
들어갈 물질의 양
A물질 : 10g 이하
B물질 : 20g 이하
C물질 : 7g 이하
한 봉지당 재료 원가
보통품 3,000원
특품 4,000원
보통품을 x봉지, 특품을 y봉지 산다고 하면 초콜릿의 값은 P=3000x+4000y가 되겠죠? 그러므로 P가 커지도록 x, y의 값을 선택해야 하는데, 두 재료의 봉지 수는 다음과 같은 세 부등식을 만족해야만 하죠.
3x+2y≤10
4x+6y≤20
x+3y≤7
이 부등식을 만족하는 각 경우의 초콜릿 가격 P를 계산해 보면, 다음과 같은 표를 만들 수 있습니다.
x(봉지) | y(봉지) | P(원)
0 | 0 | 0
1 | 0 | 3,000
2 | 0 | 6,000
3 | 0 | 9,000
0 | 1 | 4,000
1 | 1 | 7,000
2 | 1 | 10,000
0 | 2 | 8,000
1 | 2 | 11,000
그러면 보통품 1봉지, 특품 2봉지로 만들 때 원가가 가장 비싼 초콜릿이 만들어지네요.
부등식이 이런 식으로도 사용될 수 있는 거군요. 마법을 부리시는 것 같아요.
여러분도 노력한다면 마술사가 될 수 있습니다.

부록

부등식의 신, 매씨우스

이 글은 저자가 창작한 동화입니다.

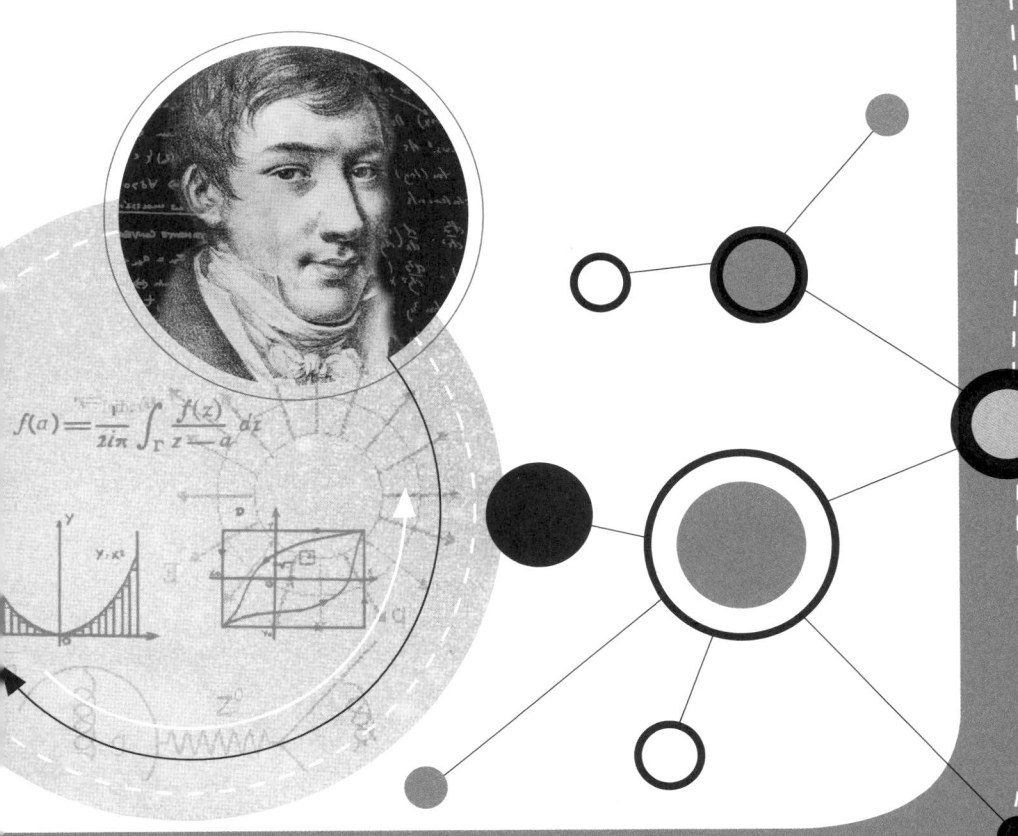

부록

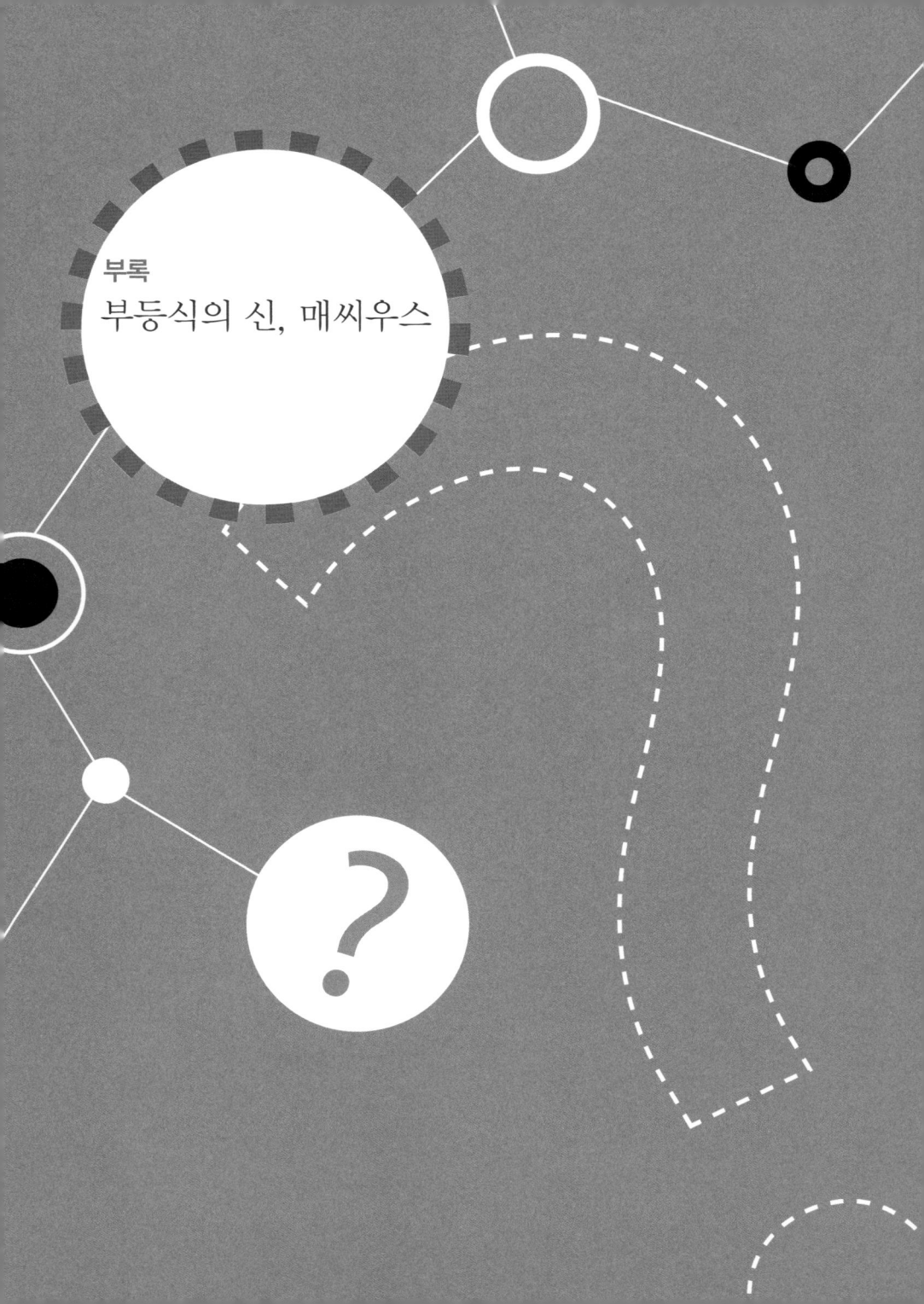

부등식의 신, 매씨우스

옛날, 수학을 사랑하는
신들이 살고 있는 칼크리스라는
나라가 있었습니다.

칼크리스는 삼면이 바다로 둘러싸여 있고, 바다에는 수십 개의 섬이 있었습니다.

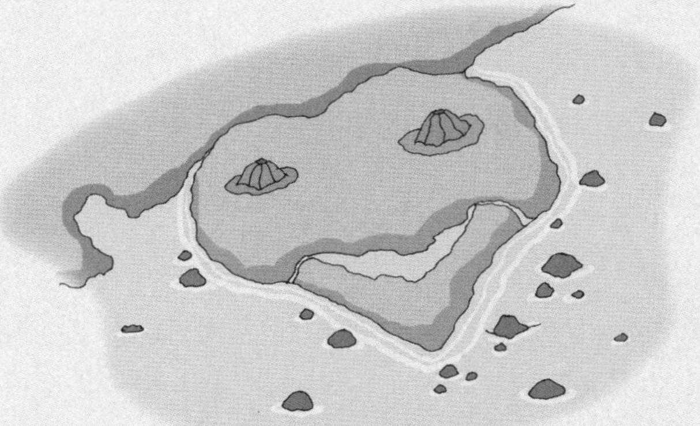

칼크리스의 신들은 사람들처럼 욕심을 부리곤 했습니다. 그러다 보니 신들 사이에 분쟁이 끊이지 않았습니다. 신들은 이런 분쟁을 조정하기 위해 대표를 뽑기로 했습니다.

신들의 대표로 추천된 신은 모두 3명이었습니다. 부등식을 가장 잘 다루는 신 매씨우스, 방정식을 가장 잘 다루는 신 엑시우스, 정수를 가장 잘 다루는 페르몬이 그 3명이었습니다.

세 후보는 유세에 들어갔습니다. 제일 먼저 유세에 들어간 신은 페르몬이었습니다.

"여러분, 우리들의 모든 활동은 정수로 이루어져 있습니다. 정수에 대한 높은 식견을 가진 이 후보를 뽑아 주시면 우리 신들의 나라에 분쟁은 없을 것입니다."

페르몬이 사람들이 많이 모인 자리에서 자신을 지지해 달라고 호소했습니다.

엑시우스는 페르몬과 다른 방법을 사용했습니다. 그는 마차를 타고 다니면서 그동안 신들의 나라에서 방정식을 이용하여 분쟁을 해결한 사례를 모은 전단지를 유권자들에게 나누어 주었습니다.

하지만 부등식의 신 매씨우스는 아무런 홍보도 하지 않았습니다. 이를 이상하게 여긴 바다의 신 포세이돈이 매씨우스에게 물었습니다.

"매씨우스, 나는 자네를 지지하지만 모든 사람들이 자네를 지지하지는 않을 거야. 다른 후보인 페르몬과 엑시우스는 적극적으로 지지를 호소하고 있네. 내가 바닷길을 열어 줄 테니까 우선 여러 섬들의 신들에게 지지를 부탁해 보게."

"나는 신들의 대표에는 미련이 없어. 내가 가장 좋아하는 부등식을 연구하는 데 최선을 다할 뿐이지. 페르몬이나 엑시우스는 좋은 신이야. 누가 되어도 신들의 분쟁을 잘 해결할 거라고 믿어. 하지만 신들이 나를 택해 준다면 최선을 다할 셈이네."

매씨우스는 담담한 표정으로 말했습니다.

드디어 선거가 시작되었습니다. 칼크리스의 신들은 모두 48명이었지만, 섬에 사는 신들을 제외한 27명이 먼저 투표를 했습니다. 개표 결과 엑시우스가 14표, 매씨우스가 8표, 페르몬이 5표를 얻었습니다. 엑시우스를 지지하는 신들은 모두 기뻐했습니다.

하지만 아직 엑시우스가 신의 대표로 결정된 것은 아니었습니다. 섬에 사는 신들의 표에 의해 결과가 뒤집힐 수도 있기 때문입니다. 최근 며칠 동안 칼크리스의 바다에 아주 큰 해일이 일어났습니다. 그래서 섬에 사는 신들이 육지로 올 수 없어 그들의 투표는 며칠 뒤로 미루어졌지요.

엑시우스의 지지자들은 엑시우스가 마치 당선이라도 된 듯 매일 파티를 벌였습니다. 하지만 거듭되는 파티에서 술에 취한 엑시우스의 지지자들은 다른 신들에게 난동을 부렸습니다. 이로 인해 그를 지지했던 신들조차 그에게 등을 돌리기

시작했습니다.

엑시우스를 강력하게 지지하는 함수의 신 펑시온이 엑시우스에게 말했습니다.

"엑시우스, 우리가 이겼어. 지금까지 27표에서 자네는 과반수인 14표를 얻었네. 남은 21표에서도 자네는 과반수를 얻을 수 있을 걸세. 특히 신들이 가장 많이 사는 섬인 에게스 섬의 일곱 신은 자네 지지자 아닌가? 그러니까 지금까지 자네가 얻은 14표에 7표를 더하고 이미 탈락이 확정된 페르몬의 5표를 더하면 26표가 되거든. 이건 48표의 과반수를 넘는단 말이야. 하하하, 우리가 승리했네. 친구, 마시자고!"

펑시온은 엑시우스에게 술을 권하며 즐거워했습니다.

연일 거듭되는 파티와 술을 먹고 난동을 부리는 엑시우스의 지지자들에게 실망한 신들이 바다의 신 포세이돈에게 달

려갔습니다. 마침 포세이돈은 매씨우스와 함께 있었습니다.

"엑시우스를 우리의 대표로 뽑을 수는 없습니다. 특히 주정뱅이 펑시온의 난동은 눈 뜨고 못 볼 지경입니다. 매씨우스, 당신이 우리의 대표가 되어 주시오."

신들이 매씨우스에게 부탁했습니다.

"남은 표 중 7표를 이미 확보한 엑시우스의 승리가 거의 결정적이오. 지금은 달리 방법이 없어요."

포세이돈이 실망스러운 표정으로 말했습니다.

잠자코 지켜보던 매씨우스가 입을 열었습니다.

"포세이돈, 그렇지 않네. 엑시우스가 당선이 되려면 남은 표에서 8표 이상을 얻어야 하네."

"무슨 말이지?"

포세이돈이 놀란 표정으로 물었습니다.

"남아 있는 21표에서 엑시우스와 나의 표만 나온다고 해 보게. 엑시우스가 얻는 표의 수를 x라고 하면 내가 얻는 표의 수는 $(21-x)$가 되거든. 그러면 엑시우스의 표의 수는 $(14+x)$가 되고, 내 표의 수는 $8+(21-x)$가 되지. 그러니까 엑시우스가 이기려면 $14+x>8+(21-x)$가 되어야 하네. 이것을 풀어 보면 $x>7.5$가 되지. 그런데 표의 수는 자연수가 되어야 하니까, x의 최소값은 8이 되어야 하네. 즉, 엑시우스가 8표 이상을 얻으면 엑시우스가 이기고, 7표 이하를 얻으면 내가 이기는 거지."

매씨우스가 자세하게 설명해 주었습니다.

"희망이 보이는군. 나머지는 내게 맡기게."

포세이돈은 이렇게 말하고는 급하게 자리를 떴습니다.

바다의 신 포세이돈은 홀로 바다로 뛰어들었습니다. 바다에는 높은 파도가 몰아쳤지만 바다의 신이 지나가는 길에는 파도가 갈라지고 길이 났습니다. 포세이돈이 지팡이로 바다를 치기만 하면 바다가 갈라져 육지가 생겼기 때문입니다. 포세이돈은 황금 마차를 타고 바다에 난 길을 달리고 또 달렸습니다.

포세이돈은 에게스 섬을 제외한 모든 섬의 신들을 만나 엑시우스와 펑시온의 만행을 이야기해 주고, 칼크리스를 위해서 매씨우스를 지지해 줄 것을 부탁했습니다. 포세이돈으로부터 자세한 얘기를 전해 들은 섬의 신들은 매씨우스를 지지하겠다고 약속했습니다.

엑시우스는 포세이돈이 섬을 방문한 것을 모른 채 2차 투표가 있기 전날까지 술에 취해 난동을 피우고 있었습니다. 드디어 2차 투표를 하기로 한 날 섬의 신들이 모두 나타나 투표를 했습니다. 결과는 물론 매씨우스의 1표 차 승리였습니다. 그리하여 칼크리스 신들의 대표는 매씨우스가 되었습니다.

매씨우스가 신들의 대표가 된 이후에도 신들 사이에는 많은 분쟁이 있었습니다. 하지만 매씨우스의 현명한 판결 덕분

에 많은 문제들이 해결되었습니다.

그러던 어느 날 4명의 신들 사이에 분쟁이 생겼습니다. 북쪽 마을을 다스리는 노스 신, 남쪽 마을을 다스리는 사우스 신, 서쪽 마을을 다스리는 웨스트 신, 동쪽 마을을 다스리는 이스트 신은 자신들의 마을에서 가장 가까운 곳에 학교를 세우고 싶어 했습니다.

신들은 학교의 위치를 놓고 회의를 했습니다.

"서쪽 마을이 교차로에서 가장 머니까 서쪽 마을에 학교를 세워야 해."

웨스트 신이 주장했습니다.

하지만 다른 3명의 신은 웨스트 신의 주장을 인정하지 않았습니다. 이리하여 신들은 이 문제의 해결을 매씨우스에게 부탁했습니다.

매씨우스는 모든 신을 불렀습니다.

"남북 도로와 동서 도로가 만나는 위치에 학교를 세우시오. 그러면 네 마을로부터의 거리의 합이 최소가 될 것입니다."

"그건 말도 안 됩니다. 그럼 우리 마을에서만 제일 멀지 않습니까?"

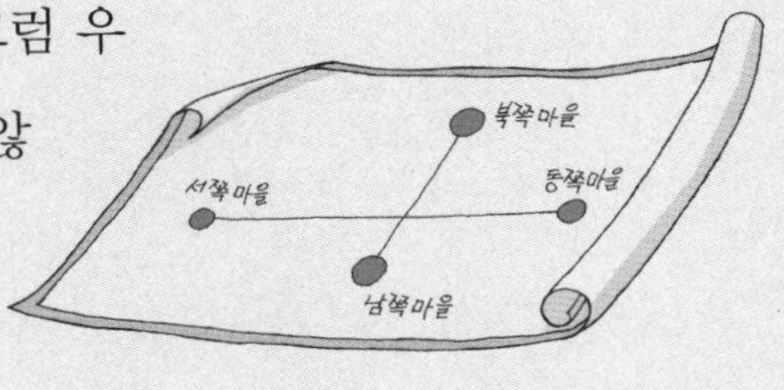

웨스트 신이 화를

내며 매씨우스에게 대들었습니다.

"웨스트 신, 진정하고 나의 말을 들어 보시오."

매씨우스는 마법으로 허공에 구름 칠판을 만든 다음, 콧바람으로 구름 칠판에 다음과 같은 그림을 그렸습니다.

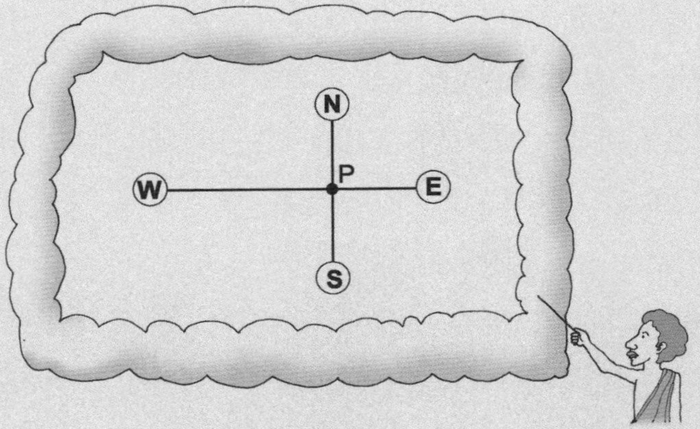

"N, S, E, W는 각각 북쪽, 남쪽, 동쪽, 서쪽 마을을 나타내는 지점이오."

매씨우스가 네 점을 가리켰습니다.

"P라고 쓴 점은 뭐죠?"

노스 신이 물었습니다.

"P점을 학교의 위치라고 합시다. 그럼 P와 네 점까지의 거리의 합은 $\overline{NP}+\overline{SP}+\overline{EP}+\overline{WP}$가 되지요. 그러니까 이 값이 최

소가 되도록 P의 위치를 결정해야 합니다. 이 중에서 남북 방향만 봅시다. 그것은 $\overline{NP}+\overline{SP}$이죠? 다음 그림을 보죠.

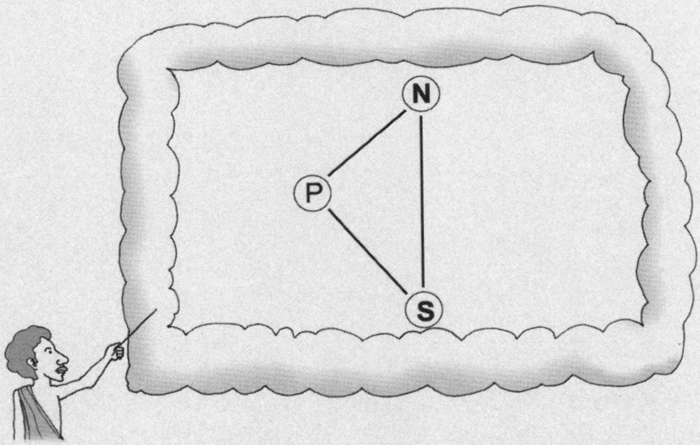

$\overline{NP}+\overline{SP}$는 삼각형 NPS에서 두 변의 길이의 합이니까 다른 한 변의 길이 $\overline{NS}$보다 길지요. 그러니까 P가 $\overline{NS}$ 위에 있을 때 $\overline{NP}+\overline{SP}$의 길이가 최소가 되지요."

매씨우스가 설명했습니다.

"그렇지, 남북 방향에 있어야지."

노스 신과 웨스트 신이 기뻐했습니다.

"하지만 동서 방향의 거리의 합도 고려해야죠?"

이스트 신이 따졌습니다.

"물론이오. P는 $\overline{EP}+\overline{WP}$가 최소가 되도록 결정되어야 합니다. 그러니까 다음 삼각형을 보죠.

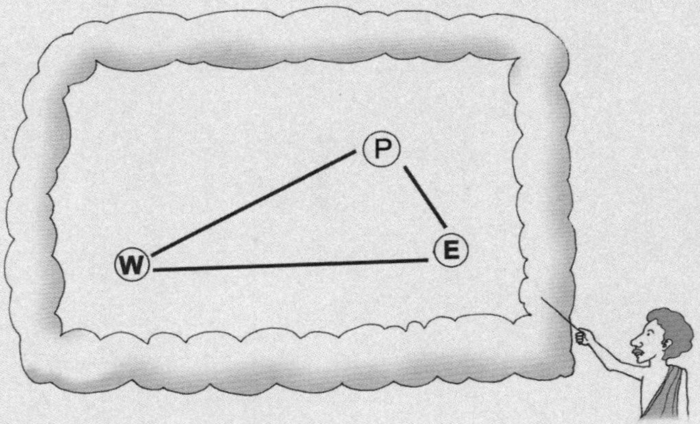

$\overline{EP}+\overline{WP}$는 삼각형 PWE의 두 변의 길이의 합이니까 $\overline{EW}$의 길이보다 항상 큽니다. 그러니까 P가 $\overline{EW}$ 선상에 있을 때 $\overline{EP}+\overline{WP}$가 최소가 되지요."

매씨우스가 설명했습니다.

"그럼 도대체 학교가 어디 있어야 하는 거죠?"

웨스트 신이 통명스럽게 물었습니다.

"$\overline{EW}$를 잇는 선 위에 있어야 하고, $\overline{NS}$를 잇는 선 위에 있어야 합니다. 그러므로 두 선이 만나는 지점에 학교를 세우면 $\overline{NP}+\overline{SP}+\overline{EP}+\overline{WP}$가 최소가 됩니다."

매씨우스는 싱긋 웃으며 이렇게 말했습니다. 모든 신들은 매씨우스의 결정에 따르기로 했습니다. 그것이 수학적으로 정확했기 때문이지요.

칼크리스의 수도 네테아에서 금은방을 경영하는 골드맨은 신들을 불러 잔치 벌이기를 좋아했습니다. 그는 8명의 신을 자신의 집에 초청했습니다. 선거 이후 오랫동안 만나지 않았던 평시온과 포세이돈도 모처럼 자리를 같이했습니다. 하지만 두 신은 얼굴을 마주쳐도 못 본 척했습니다.

파티가 끝나갈 무렵, 골드맨은 8명의 신을 마당으로 불렀습니다. 골드맨은 화려하게 수놓은 상자를 가지고 나왔습니다.

"제가 똑같은 크기와 무게로 만든 8개의 황금 구슬을 여러분에게 보여 드리겠습니다."

골드맨은 이렇게 말했습니다. 모두들 골드맨이 가지고 온 상자를 주시했습니다. 드디어 상자가 열리고 반짝거리는 8개의 똑같은 황금 구슬이 나타났습니다. 8개의 황금 구슬에는 1번부터 8번까지의 번호가 조각되어 있었습니다. 모두들 아름다운 황금 구슬에서 눈을 떼지 못했습니다.

"한 번 만져 봐도 될까요. 골드맨 씨?"

평시온이 물었습니다.

"그러시죠. 하지만 이것은 신전에 제물로 바칠 것이니까 조심하세요."

골드맨은 이렇게 말하면서 8개의 구슬을 8명의 신에게 나

누어 주었습니다. 신들은 번호가 적힌 황금 구슬을 바라보며 감탄했습니다.

갑자기 하늘이 뿌옇게 변하더니 폭우가 쏟아지기 시작했습니다. 골드맨은 신들이 가지고 있던 8개의 황금 구슬을 황급히 다시 상자에 넣었습니다. 그리고 파티는 끝이 났습니다.

신들이 모두 돌아간 후 골드맨은 다시 상자를 꺼내 비에 젖은 황금 구슬의 물기를 닦아 냈습니다. 그런데 8개의 구슬이 들어 있는 상자가 전보다 무거워진 느낌이었습니다.

"웬일이지? 물기를 다 닦아 냈는데?"

골드맨은 이상한 생각이 들기 시작했습니다. 며칠 밤 동안 골드맨은 잠을 이루지 못했습니다. 그것은 신들이 다녀간 뒤 황금 구슬 중 일부가 바뀌었을지도 모른다는 생각에서였습니다. 그는 자신이 황금 구슬을 나누어 준 신들의 이름을 떠올렸습니다. 그 명단은 다음과 같았습니다.

1번 … 탈출의 신 엑소더스

2번 … 음악의 신 뮤즈

3번 … 전쟁의 신 아테네

4번 … 도형의 신 유클레스

5번 … 원의 신 스피어레스

6번 … 돌의 신 아인슈타이너스

7번 … 함수의 신 펑시온

8번 … 바다의 신 포세이돈

며칠 밤을 고민하던 골드맨은 신들의 대표 매씨우스를 찾아갔습니다.

"신들의 대표 매씨우스 신이여, 제가 신전에 제물로 바치려던 8개의 황금 구슬을 8명의 신에게 보여 주었습니다. 그들은 하나씩 나누어 가지고 놀았지요. 그리고 다시 구슬을 모두 거두어들였지만 아무래도 황금 구슬 중 일부가 바뀐 것 같습니다. 이 문제를 해결해 주십시오."

"알겠소."

매씨우스는 골드맨의 황금 구슬을 만진 적이 있는 8명의 신을 모두 불렀습니다. 신들은 자신들이 불려 온 이유를 알 수 없었습니다.

"매씨우스, 무슨 일이십니까? 저는 곧 하프를 연주해야 합니다."

음악의 신 뮤즈가 하프를 퉁기며 말했습니다.

"좋소, 빨리 끝내겠소."

매씨우스가 강한 어조로 말했습니다.

"골드맨의 말만 믿고 황금 구슬의 무게가 달라졌는지 아닌지를 알 수 없지 않소. 무게를 재 본 것도 아니고 말이오."

펑시온이 못마땅한 표정으로 말했습니다.

"우선 그 점을 확인해야겠소. 만일 구슬이 뒤바뀌지 않았다면 저울의 양쪽에 같은 수의 구슬을 놓았을 때 어떤 경우라도 수평을 유지해야 할 거요. 만일 어느 한쪽이 기울어진다면 그쪽에 더 무거운 구슬이 있다는 이야기가 되지요. 우리는 이들 구슬의 지름을 재어 보았소. 그런데 지름은 모두 같았소. 그러니까 부피는 모두 같은 거요. 그런데 더 무거워졌다면 금보다 밀도가 더 큰 물질을 섞어서 만든 위조 구슬이 섞여 있다는 이야기가 됩니다."

매씨우스가 모두에게 말했습니다.

"어떻게 무게를 재죠?"

아테네가 황금 구슬을 들여다보며 물었습니다.

매씨우스는 낡은 램프를 가지고 왔습니다. 매씨우스는 낡은 램프를 문질렀습니다. 그러자 램프에서 연기가 피어 나오더니 양팔 저울을 입에 문 거인이 나타났습니다.

"주인님, 부르셨습니까?"

웨이트가 굵직한 목소리로 말했습니다.

"웨이트! 잘 와 주었네."

매씨우스가 거인에게 말했습니다.

"이제 우리는 웨이트가 입에 물고 있는 저울을 이용하여 무게가 다른 구슬을 찾아낼 것이오. 다만 웨이트의 저울은

한 접시에 3개까지만 올려놓을 수 있고, 2번밖에 사용할 수 없소."

매씨우스가 말했습니다.

"한 접시에 3개까지만 올려놓을 수 있고, 2번만 재어 어떻게 무게가 다른 구슬을 알 수 있지요?"

포세이돈이 못 믿겠다는 듯이 따졌습니다.

"가능하오. 대신 몇 개의 구슬이 무게가 다른지는 웨이트가 알려 줄 것입니다. 웨이트, 몇 개의 구슬이 무게가 다르지?"

매씨우스가 웨이트에게 물었습니다. 웨이트는 8개의 구슬을 손으로 들어 보고는 말했습니다.

"7개의 구슬은 무게가 같고 1개의 구슬만이 무게가 다릅니다."

"이제 하나의 구슬이 바뀌었다는 것이 확인되었습니다. 그러니까 범인은 1명입니다."

매씨우스가 자신 있게 말했습니다.

매씨우스는 웨이트가 입에 문 저울의 왼쪽에 1, 2, 3번 구슬을, 오른쪽에 4, 5, 7번 구슬을 올려놓았습니다. 저울은 오른쪽으로 기울어졌습니다.

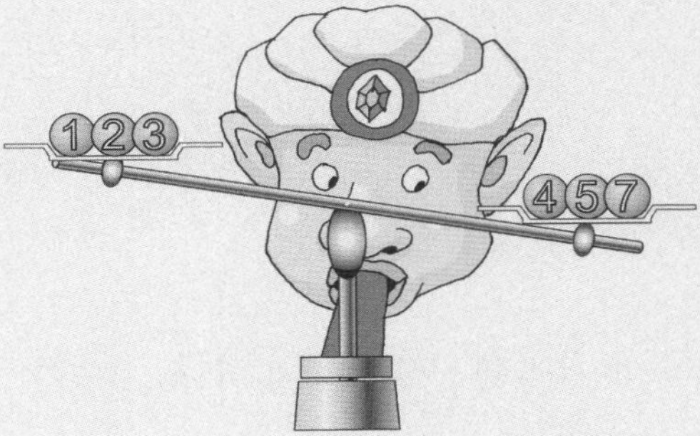

"무거운 구슬은 4, 5, 7번 중 하나야."

1, 2, 3번 구슬을 가지고 있었던 엑소더스, 뮤즈, 아테네가 환호성을 질렀습니다. 하지만 4, 5, 7번 구슬을 가지고 있었던 유클레스, 스피어레스, 펑시온은 긴장한 모습이었습니다.

"일단 무거운 구슬이 있다는 것이 확인되었소. 모두들 동의하지요?"

매씨우스가 8명의 신에게 물었습니다. 모두들 말없이 고개를 끄덕거렸습니다.

매씨우스는 다시 구슬을 내려놓고 이번에는 왼쪽에 4, 5, 6번 구슬을, 오른쪽에 1, 7, 8번 구슬을 올려놓았습니다. 이번에도 저울의 오른쪽이 기울어졌습니다.

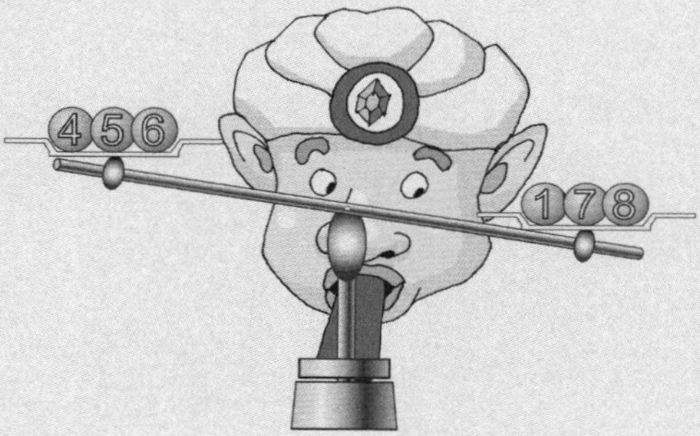

"1, 7, 8번 중에 무거운 구슬이 있습니다. 그렇다면 7번과 8번 중 무거운 구슬이 있는 셈이오."

매씨우스는 평시온을 노려보며 말했습니다.

"범인은 바로 평시온입니다."

"무슨 소리요? 포세이돈이 범인일 수도 있잖아요? 여러분, 매씨우스는 자신과 친한 포세이돈 대신 나를 범인으로 지목하고 있습니다."

평시온이 흥분하여 소리쳤습니다.

"평시온의 말에 일리가 있어."

아테네가 말했습니다.

"그래, 포세이돈이 범인일 수도 있잖아."

엑소더스가 거들었습니다.

그러자 매씨우스가 말을 꺼냈습니다.

"그렇지 않습니다. 포세이돈은 범인이 될 수 없어요."

"증명해 보시오. 그러기 전에는 믿을 수 없소."

돌의 신 아인슈타이너스가 거들었습니다.

"좋소, 간단하게 증명할 수 있어요. 각 구슬의 무게를 각각 a_1, a_2, …, a_8이라고 하지요. 웨이트가 무게를 2번 비교한 결과 우리는 다음 2개의 부등식을 만족했습니다."

매씨우스는 구름 칠판에 다음과 같이 썼습니다.

"7번 구슬이 무겁다고 합시다. 다른 모든 구슬들의 무게는

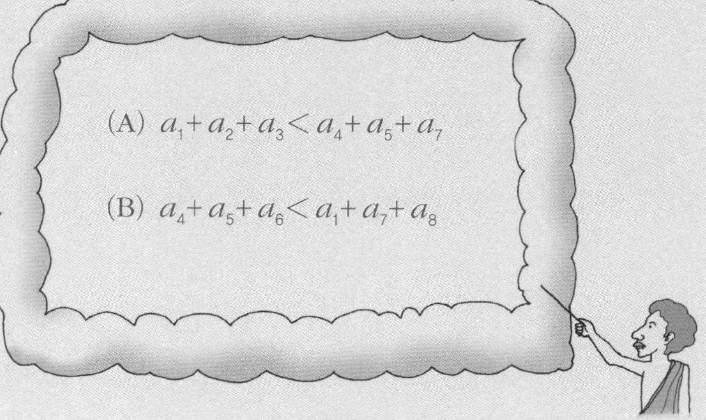

같으니까 (A)의 부등식이 성립하지요? 마찬가지로 (B)의 부등식도 성립합니다."

매씨우스가 말했습니다.

"8번 구슬이 무겁다고 해도 (B)의 부등식이 성립하지 않습니까?"

펑시온이 따졌습니다.

"하지만 그땐 (A)의 부등식이 성립하지 않습니다. 8번 구슬만이 무겁다면 1번부터 7번까지의 구슬은 무게가 같습니다. 그렇다면 1, 2, 3을 왼쪽에 4, 5, 7을 오른쪽에 올려놓았을 때 수평을 유지했어야 합니다. 그런데 오른쪽이 더 무거웠으므로 8번 구슬이 더 무겁다는 가정은 옳지 않습니다."

매씨우스가 펑시온을 바라보며 말했습니다. 펑시온의 얼굴이 새파래졌습니다.

잠시 후 신들의 군사들이 펑시온을 붙잡아 땅속의 감옥에 가둬 버렸습니다. 이 소식을 들은 펑시온의 친구인 엑시우스도 칼크리스를 떠나서 에게스 섬으로 도망쳤습니다.

이리하여 칼크리스에는 매씨우스를 따르는 신들만이 모여 살게 되었습니다. 그리고 칼크리스는 분쟁거리가 없는 조용한 나라가 되었습니다.

그러던 어느 날 3명이 한 조가 되어 수영, 달리기, 마차 경주를 하는 3종 경기 대회를 열기로 하였습니다. 매씨우스는 포세이돈을 불렀습니다.

"포세이돈, 칼크리스 사람들에게 희망을 주기 위해서는 우리도 대표를 뽑아 대회에 출전했으면 해요. 마땅한 선수가 있을까요?"

매씨우스가 물었습니다. 포세이돈은 잠시 생각에 잠기더니 말했습니다.

"수영의 신 스위머스, 마차의 신 캐리지스, 달리기의 신 러너스가 좋을 듯합니다."

"그래, 그 3명이면 우리가 우승할 수 있겠군."

매씨우스는 매우 기뻐했습니다. 그리하여 스위머스, 캐리지스, 러너스는 칼크리스의 3종 경기 대표로 뽑혀 대회가 열

리는 스키프스로 향했습니다.

스키프스는 많은 나라에서 온 선수들로 북적거렸습니다.

드디어 경기가 시작되었습니다. 경기 방식은 매일 1팀씩 수영 20km, 마차 경주 120km, 달리기 40km를 하여 그 기록이 제일 좋은 나라가 우승을 하는 것이었습니다. 칼크리스의 3명의 선수는 다른 나라의 선수들보다 기록이 좋아 우승은 거의 확정적이었습니다.

수영의 신 스위머스의 속력은 시속 10km이므로 20km의 거리를 2시간에 갈 수 있고, 마차의 신 캐리지스의 속력은 시속 120km이므로 120km를 달리는 데 1시간 걸립니다. 달리기의 신 러너스의 속력은 시속 20km이기 때문에 40km를 달리는 데 2시간이 걸립니다. 그러므로 칼크리스 팀의 예상 기록은 5시간입니다. 이것은 경쟁국인 트로이스 팀의 기록인 5

시간 30분보다 30분 빠른 기록이므로 전력상 칼크리스 팀이 가장 유리한 상황이었습니다.

드디어 첫 번째 팀의 경기가 시작되었습니다. 키프스라는 작은 섬나라 팀이었는데, 선수 3명이 워낙 느려 전체 시간이 10시간 30분이 걸렸습니다.

이렇게 매일 한 팀 씩 경기가 진행되었습니다. 칼크리스 팀은 마지막 날에 경기가 이루어지기 때문에 3명의 선수들은 매일 조금씩 몸을 풀고 있었습니다.

대회 폐막 하루 전날, 칼크리스 팀을 가장 위협하는 트로이스 팀의 경기가 시작되었습니다. 이들은 당초 예상을 뒤엎고 5시간이라는 좋은 기록으로 골인했습니다.

"트로이스가 5시간 걸렸어. 우리의 최고 기록과 같아."

트로이스의 경기를 지켜보던 스위머스가 놀란 눈으로 소리쳤습니다.

"내일은 좀 더 힘을 내야겠어."

달리기의 신 러너스가 두 손을 굳게 쥐며 말했습니다.

"우리 조금씩만 기록을 더 단축하자."

마차의 신 캐리지스도 거들었습니다.

세 사람은 내일의 경기를 위해 일찍 잠을 잤습니다. 그날 밤, 낯선 사람이 캐리지스의 마차에 살금살금 다가갔습니다. 그러고는 마차의 왼쪽 바퀴 하나를 느슨하게 풀어 놓았습니다. 그 사내는 트로이스의 우승을 위해 트로이스 팀에서 보낸 사람이었지요.

이런 사실을 까맣게 모른 채 칼크리스 팀의 신 3명은 곤히 잠들었습니다.

다음 날 아침, 많은 관중이 지켜보는 가운데 칼크리스 팀의 첫 번째 주자인 스위머스가 강에 뛰어들었습니다. 스위머스는 조금이라도 기록을 단축하기 위해 열심히 팔을 저었습니다. 그리고 당초 예정보다 10분을 앞당겨 골인했습니다.

이제 마차의 신 캐리지스의 차례입니다. 캐리지스는 마차를 힘껏 몰았습니다. 캐리지스는 놀라운 속력으로 달렸습니다. 많은 관중이 캐리지스를 응원했습니다. 그러나 한참을 달려 나가던 캐리지스의 마차에서 갑자기 왼쪽 바퀴가 떨어져 나갔습니다.

"큰일 났어, 이렇게 중요한 시합에서 바퀴가 빠지다니!"

캐리지스의 얼굴이 상기되었습니다. 하지만 캐리지스는 포기하지 않고 마차를 몰았습니다. 한쪽 바퀴로 달리는 바람에 속력이 떨어지긴 했지만 캐리지스는 결국 골인 지점에 도착했습니다.

하지만 현재까지 걸린 시간은 4시간이었습니다. 이제 남은 달리기에서 걸리는 시간을 1시간 이내로 줄이지 못하면 트로이스의 우승이 결정되는 순간이었습니다.

마지막으로 배턴을 이어받은 러너스는 잠시 달릴 생각을 하지 않고 땅바닥에 무언가를 열심히 계산했습니다.

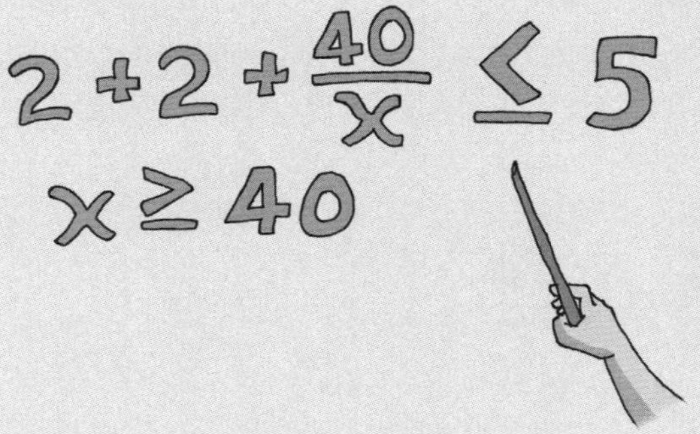

"우리가 이기려면 내가 시속 40km 이상으로 달려야 해. 하지만 그건 불가능한 일이야."

러너스는 땅바닥에 주저앉아 뛰어야 할지를 고민했습니다. 그때 하늘이 열리면서 러너스의 스승이자 스피드의 신인 스피더스가 황금빛 수염을 날리며 하늘에 나타났습니다.

"나의 사랑하는 제자 러너스야. 이 신발을 신고 뛰어 보거라."

스피더스는 황금빛 운동화를 러너스에게 던져 주고는 이내 사라졌습니다.

"스피더스 님, 열심히 뛰어 보겠습니다."

러너스는 스피더스가 던져 준 황금 운동화를 신었습니다. 다른 때와 달리 몸이 아주 가벼워지는 기분이었습니다.

러너스가 달렸습니다. 그런데 러너스는 발이 보이지 않을 정도로 빨랐습니다. 황금 운동화를 신은 러너스는 거의 땅을 밟지 않고 날아오르듯이 달렸습니다. 그리고 결승점에 다가왔습니다. 많은 관중들이 러너스를 응원했습니다. 이미 경기를 마친 스위머스와 캐리지스도 러너스를 열심히 응원했습니다. 드디어 러너스가 골인점에 도착했습니다. 러너스는 지쳐 그 자리에 쓰러졌습니다.

잠시 후 대회 측에서 기록 발표를 했습니다.

"칼크리스 팀의 기록은 4시간 59분 59초입니다."

"만세, 우리가 우승했어!"

스위머스와 캐리지스는 러너스를 헹가래 쳤습니다. 이렇게 하여 칼크리스는 3종 경기 대회에서 우승을 차지했습니다.

3명의 신들은 칼크리스에 귀국한 뒤에도 국민들의 많은 환영을 받았습니다.

수학자 소개

해석학과 치환군을 개척한 코시 Augustin Louis Cauchy, 1789~1857

프랑스 혁명이 일어나던 시기에 파리에서 태어난 코시는 어려서부터 높은 교육열을 지닌 아버지에게 교육을 받았습니다. 따라서 16살에 파리공업대학 에콜 폴리테크니크에 우수한 성적으로 입학하여 라그랑주와 라플라스의 칭찬을 독차지했습니다.

에콜 폴리테크니크를 수석으로 졸업한 코시는 토목 기사로 일하면서 계속해서 수학을 연구했습니다. 그리고 1815년 수학적 업적이 인정되어 자신이 졸업한 에콜 폴리테크니크의 교수로 발탁됩니다. 또한 다음 해인 1816년에는 과학 아카데미 회원으로 활동하게 됩니다.

하지만 1830년에 프랑스 7월 혁명으로 왕위에 오른 루이

필리프에게 충성을 맹세하지 않았기 때문에 일체의 공직 취임이 불가능하게 되어 이탈리아의 토리노로 피신하게 되지요. 그 후 나폴레옹 3세가 왕위에 오른 뒤에야 다시 프랑스로 돌아와 소르본 대학 교수가 되어 평생 학생을 가르칩니다.

코시는 1814년 이후로 끊임없이 함수론에 관한 논문을 썼습니다. 파리의 과학 아카데미는 코시가 학회지 〈Comptes Rendus〉에 보내 오는 논문의 길이를 제한해야 할 정도로 그의 연구는 다방면에 걸쳐 대단히 많았다고 합니다. 그가 연구한 것은 지금도 수학책에서 만날 수 있습니다. 코시의 적분 정리, 코시 수열, 코시-리만 방정식, 코시-슈바르츠 부등식 등 수학 용어에서 그의 이름을 쉽게 들을 수 있습니다.

코시는 68살인 1857년 3월, 치명적인 발열로 쓰러져 사망했습니다. 죽기 직전에 그는 "사람은 죽어도 그의 행적은 남는다"라는 마지막 말을 남겼다고 합니다.

수학 연대표

언제, 무슨 일이?

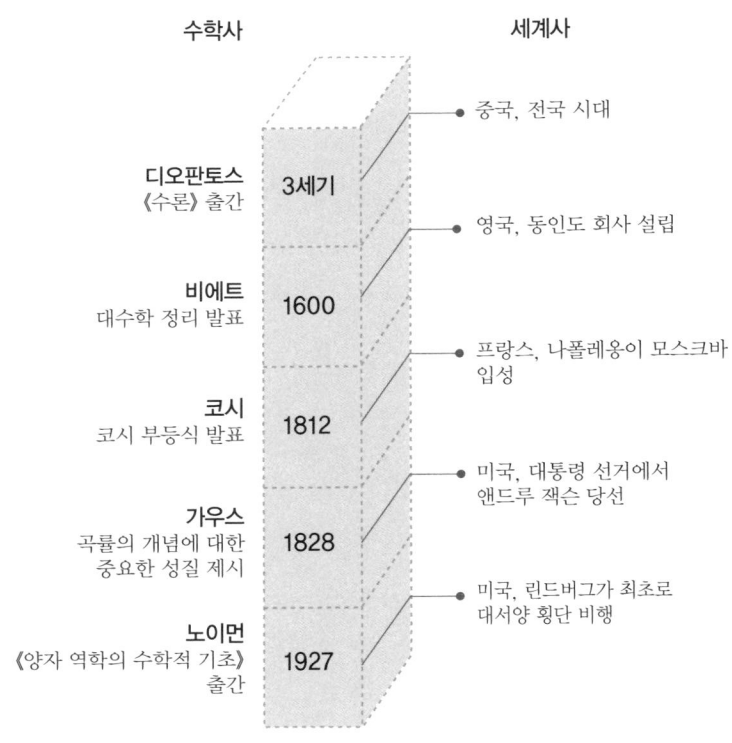

수학사		세계사
디오판토스 《수론》 출간	3세기	중국, 전국 시대
비에트 대수학 정리 발표	1600	영국, 동인도 회사 설립
코시 코시 부등식 발표	1812	프랑스, 나폴레옹이 모스크바 입성
가우스 곡률의 개념에 대한 중요한 성질 제시	1828	미국, 대통령 선거에서 앤드루 잭슨 당선
노이먼 《양자 역학의 수학적 기초》 출간	1927	미국, 린드버그가 최초로 대서양 횡단 비행

체크, 핵심 내용

이 책의 핵심은?

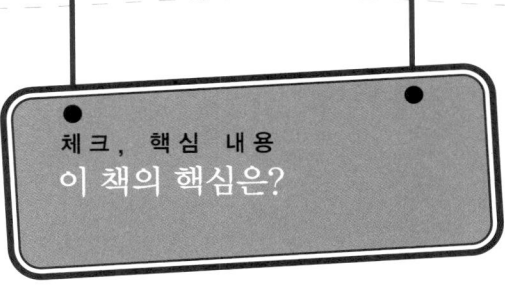

1. 부등호로 나타내어지는 식을 □□□ 이라고 합니다.
2. 부등식의 양변에 □□ 를 곱하면 부등호의 방향이 바뀝니다.
3. 부등식을 푼 결과를 부등식의 □ 라고 부릅니다.
4. 2개의 부등식을 동시에 만족하는 범위를 구하는 것을 □□□□□ 의 해를 구한다고 합니다.
5. 삼각형에서는 어떤 두 변의 길이의 □ 도 다른 한 변의 길이보다 커야 합니다.
6. 두 수의 합을 2로 나눈 것을 두 수의 □□□□ 이라고 부릅니다.
7. 산술평균은 항상 □□□□ 보다 크거나 같습니다.
8. 최고차항의 차수가 1차인 부등식을 □□□□□ 이라고 부릅니다.

1. 부등식 2. 음수 3. 해 4. 연립부등식 5. 합 6. 산술평균 7. 기하평균 8. 일차부등식

이슈, 현대 수학

힐베르트와 코시-슈바르츠 부등식

독일의 천재 수학자 힐베르트(David Hilbert)는 19세기의 마지막 해인 1900년 8월 프랑스 파리에서 열린 국제 수학자 대회에서 '수학의 미래'란 제목으로 유명한 연설을 했습니다. 이 연설에서 그는 모든 수학 문제는 반드시 해결할 수 있으며, 이러한 믿음이 미해결 문제에 대해 수학자들을 강하게 자극시킨다고 말했습니다.

힐베르트는 이날 연설에서 20세기 수학자들이 넘어야 할 숙제로 23가지 문제를 제시했습니다. 그리고 지난 100년 동안 힐베르트의 23문제 중 20개는 풀렸지만 3개의 문제는 아직까지 미해결 상태로 남아 있습니다.

힐베르트는 코시-슈바르츠 부등식을 힐베르트 부등식으로 일반화시킨 것으로도 유명합니다. 코시-슈바르츠 부등식이란 4개의 실수 a, b, c, d에 대해 (a^2+b^2)과 (c^2+d^2)

의 곱은 $(ac+bd)^2$보다 항상 크거나 같다는 내용입니다. 그는 이 부등식을 힐베르트 공간이라 부르는 공간으로 확장했습니다. 이 공간 속의 서로 다른 두 점의 좌표를 각각 (a, b), (c, d)라고 하고 원점을 (0, 0)이라고 할 때, a^2+b^2은 원점으로부터 점 (a, b)까지의 거리의 제곱이 됩니다. 마찬가지로 c^2+d^2은 원점으로부터 점 (c, d)까지의 거리가 됩니다.

힐베르트는 19세기에 본격적으로 연구된 벡터를 이용하여 원점에서 점 (a, b)로 향하는 벡터를 나타낼 수 있음을 알아냈습니다. 이때 $ac+bd$는 두 벡터 (a, b)와 (c, d)의 내적으로 알려져 있습니다.

그러므로 코시-슈바르츠 부등식은 공간에서 서로 다른 두 점의 위치를 나타내는 벡터가 있을 때, 원점으로부터 두 점까지의 거리의 곱이 두 벡터의 내적보다 항상 크거나 같다라는 뜻으로 해석할 수 있습니다.

찾 아 보 기

어디에 어떤 내용이?

란트슈타이너가 들려주는 혈액형 이야기

란트슈타이너가 들려주는 혈액형 이야기

초　판　1쇄 발행일 | 2005년 7월 29일
개정판　1쇄 발행일 | 2010년 9월 1일
개정판 15쇄 발행일 | 2021년 5월 28일

지은이 | 권석운
펴낸이 | 정은영
펴낸곳 | (주)자음과모음

출판등록 | 2001년 11월 28일 제2001－000259호
주　　소 | 04047 서울시 마포구 양화로6길 49
전　　화 | 편집부 (02)324－2347, 경영지원부 (02)325－6047
팩　　스 | 편집부 (02)324－2348, 경영지원부 (02)2648－1311
e－mail | jamoteen@jamobook.com

ISBN 978－89－544－2032－7 (44400)

• 잘못된 책은 교환해드립니다.

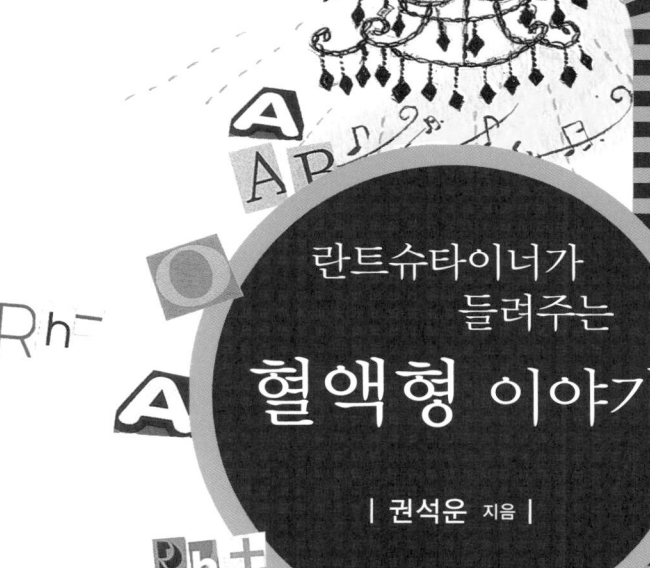

란트슈타이너가
들려주는

혈액형 이야기

| 권석운 지음 |

(주)자음과모음

란트슈타이너를 꿈꾸는 청소년들을 위한 '혈액형' 이야기

'피' 라고 하면 뭔가 무섭다는 느낌이 들기도 하고 공포 영화의 한 장면이 떠오르기도 합니다. 그러나 알고 보면 '피' 는 우리를 살아 있게 해 주는 따뜻하고 고마운 존재입니다. 지구라는 별에서 우리가 따뜻한 체온을 가지고 살아갈 수 있게 해 주는 사랑스런 존재인 것입니다. 지금 이 순간에도 우리의 따뜻한 피 속에는 우리 몸을 지켜 주고 보살펴 주는 혈액세포들이 분주히 움직이고 있습니다.

사람들은 혈액형에 대해서 이런저런 많은 이야기들을 합니다. 혈액형이란 무엇일까요? 사람들의 얼굴 생김새가 다양하듯이 피 속에서 산소 운반이라는 중요한 일을 하는 적혈구의 표면 모습도 다양합니다. 그 다양한 모습을 나타내는 것들 중에 하나가 바로 혈액형입니다.

혈액형을 모르던 옛날 옛적에는 피에 대해 미신적인 생각을 했고, 수혈(피를 주입하는 치료)을 하면 왜 심한 부작용이 나타나는지 몰랐습니다. 란트슈타이너가 혈액형을 발견한 이후에야 수혈이 안전하게 이루어졌고 수많은 생명을 살릴 수 있게 되었습니다.

우리는 이제부터 생명이란 무엇인지, 혈액이란 무엇인지, 그리고 혈액형이란 무엇인지를 알아보기 위해 탐구 여행을 떠나게 됩니다. 란트슈타이너 박사가 우리를 그 비밀의 세계로 친절하게 안내해 줄 것입니다.

꿈꾸는 자만이 그 꿈을 이룰 수 있습니다. 여러분이 꿈과 도전 정신을 가지고 열심히 노력해서 란트슈타이너 박사처럼 위대한 발견을 해낼 수 있는 훌륭한 과학자가 되기를 바랍니다.

이 책이 출간될 수 있게 도움을 준 ㈜자음과모음 출판사에 감사드립니다.

권 석 운

차례

첫 번째 수업

1

혈액형이 뭐지?

옛날 사람들은 피를 어떻게 다루었을까요?
혈액형에 대한 사람들의 궁금증을 알아봅시다.

1

첫 번째 수업

혈액형이 뭐지?

교과연계.

초등 과학 6-1	3. 우리 몸의 생김새
중등 과학 3	8. 유전과 진화
고등 생물 1	3. 순환

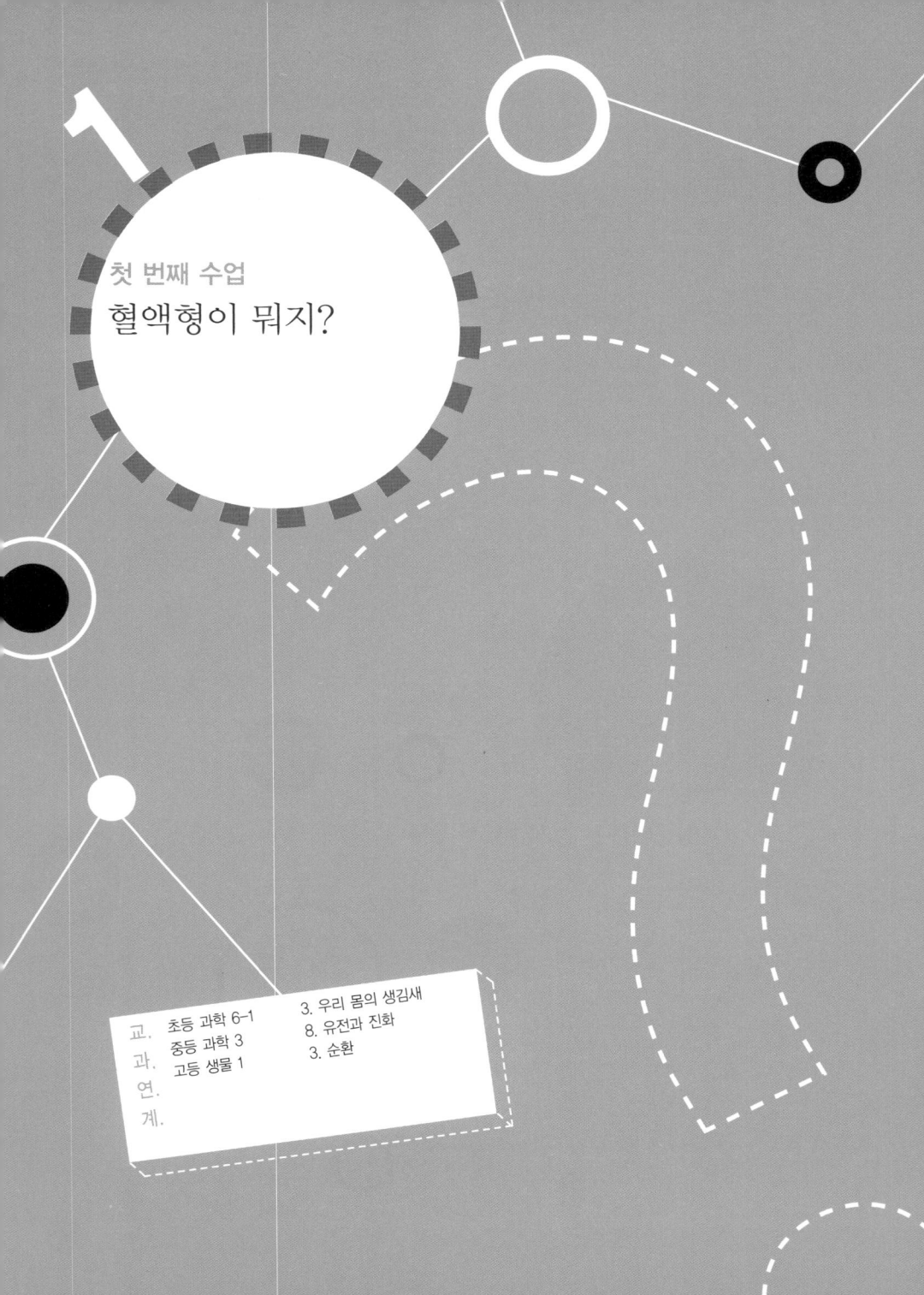

우리가 궁금해하는 혈액형에 대해 첫 번째 수업이 시작되었다.

어느 늦은 봄날 오후입니다. 학교 수업을 마친 영희는 철수와 함께 아이스크림을 먹으며 집으로 가고 있습니다. 영희는 오늘 학교에서 수업 시간에 혈액형 검사를 해 보았던 생각이 나서 철수에게 이야기를 꺼냈습니다.

"오늘 혈액형 검사를 했잖아, 넌 혈액형이 뭘로 나왔어?"

"응? 그거……, 난 좀 잘 모르겠어."

철수는 머리를 긁적거리며 대답했습니다.

"왜? 어떻게 했는데?"

영희는 아이스크림을 꿀꺽 삼키며 물었습니다.

"응……, 파란 시약에서는 피가 뭉쳤는데, 노란 시약에서는 피가 뭉치지 않았어."

"그러면 A형이야!"

철수의 말에 영희가 자신 있게 대답했습니다.

"나도 알고 있어. 선생님이 가르쳐 주셨거든. 그런데 A형은 왜 파란 시약에서만 피가 뭉치고 B형은 노란 시약에서만 피가 뭉치는지 그걸 모르겠어. 그리고 항A혈청(anti-A), 항B혈청(anti-B)이 무엇인지도 모르겠고……."

철수의 말을 듣자 영희도 고개를 갸우뚱하며 자기도 그건 잘 모르겠다고 대답했습니다.

다시 철수가 말했습니다.

"혈액형이 어디에 필요하지? 왜 혈액형 검사를 하는 거야? 그리고 왜 혈액형은 A, B, O, AB로 나뉘어 있을까?"

"정말 그러네. 나도 잘 모르겠어. 그냥 병원에서 필요한 것 아닐까?"

영희가 대답하자 철수는 걸음을 멈추고 또 말했습니다.

"O형은 모든 사람에게 피를 줄 수 있고 AB형은 모든 사람으로부터 피를 받을 수 있다는데, 왜 그런 거야? AB형은 왜 받기만 하는 걸까?"

철수의 의문은 계속되었습니다.

"A형인 사람이 B형인 사람의 피를 수혈받으면 죽을 수도 있다고 했어. 왜 그럴까?"

철수의 말에 영희는 새삼 놀라며 말했습니다.

"혈액형이 맞지 않으니까 그렇겠지. 그러고 보니 혈액형이 좀 무섭다는 생각이 드네……."

두 아이는 아이스크림이 녹아서 줄줄 흘러내리는 것도 모르고 있었습니다. 영희와 철수는 갑자기 혈액형에 대해 궁금한 것이 많아졌습니다.

"그리고 인터넷에서 봤는데, 혈액형이 성격하고 관계가 있다던데?"

철수와 영희는 정말 궁금해졌습니다.

"도대체 혈액형이 뭐지?"

옛날 옛적 수혈 이야기

여러분, 정말 혈액형이 뭘까요? 사실 혈액형이 무엇인지 알기까지 우리 인류는 오랜 세월을 기다려야 했어요. 피와 관련된 이야기는 역사적으로도 아주 오래되었지요.

놀라지 마세요. 아주 옛날에는 나쁜 병을 고치기 위해 피를 먹기도 하고, 거머리를 몸에 붙여 피를 빨게 하거나 칼로 혈관을 찔러 일부러 피를 흘리기도 했대요. 그리고 동물의 피를 사람에게 수혈하기도 했어요. 피를 혈관 속으로 주입하는 것을 수혈(transfusion)이라고 하는데, 옛날에는 원시적인 방법으로 수혈을 해서 수혈 부작용이 나타나 많은 환자들이 죽기도 했지요.

당시의 사람들은 왜 수혈 부작용이 나타나는지 몰랐어요. 20세기가 되어서야 우리는 란트슈타이너(Karl Landsteiner, 1868~1943)라는 위대한 인물을 만나게 되었고, 그가 ABO 혈액형을 발견한 덕분에 피가 모자라서 죽게 된 환자들에게 '혈액형을 맞춰' 수혈해 줄 수 있게 되었답니다. 그래서 수많은 생명을 살릴 수 있게 된 것이지요.

오늘부터 혈액형에 대한 재미있는 이야기들을 11일 동안 시간과 공간을 이동하면서 탐구해 보도록 하겠습니다. 혈액형을 알기 위해서는 먼저 혈액(피)에 대해 알아야 합니다. 혈액형은 혈액 성분 중의 하나인 적혈구의 특성이니까요.

사실 혈액은 생명과 직접적으로 연관이 있어요. 혈액 세포들이 열심히 일하고 있기 때문에 지금 우리는 이렇게 심장이 두근거리며 살아 있는 거예요.

생명이란 무엇인지, 그것이 얼마나 신비로운지 함께 느껴

보는 시간을 먼저 갖는 게 좋겠네요. 그러고 난 다음에 혈액을 살펴보고, 그다음에는 혈액형을 본격적으로 탐구해 보는 거예요. 혈액형 탐구 시간에는 직접 란트슈타이너 박사님을 만나서 이야기를 듣게 됩니다. 어때요? 기대가 되지요?

만화로 본문 읽기

오늘 학교에서 혈액형 검사를 했잖아. 넌 검사 결과가 어떻게 나왔어?
A형이라고 나왔는데, 난 잘 모르겠어.
왜? 뭘 모르겠다는 거야?
음…, 파란색 시약에서는 피가 뭉쳤는데 노란색 시약에서는 피가 뭉치지 않았어.
Anti B
Anti A
그러면 A형이야!
A형은 왜 파란색 시약에서만 피가 뭉치고, B형은 노란색 시약에서만 피가 뭉치지? 그리고 항A혈청, 항B혈청이 뭔지도 모르겠고….
그렇네. 생각해 보니 혈액형 검사를 왜 하는 거지?
A. B. O. AB?
왜 혈액형이 A, B, O, AB로 나뉘어 있는지도 모르잖아. 병원에서 필요한 것 같긴 한데….
혈액형에 따라 줄 수 있는 사람과 받기만 하는 사람도 있다!
A형인 사람이 B형인 사람의 피를 수혈 받으면 죽을 수도 있다니까 그렇겠지.
AB형
AB형
A형
A형
B형
B형
O형
O형
영희야, 우리 이럴 게 아니라 란트슈타이너 선생님께 가서 여쭈어 보자.
그래, 그거 좋은 생각이다. 빨리 가자!

두 번째 수업 2

생명의 경이로움

우주가 만들어 내는 조화로움은 우리 몸속에서도 찾을 수 있습니다.
우리의 몸을 이루는 혈액 세포에 대해 알아봅시다.

2

두 번째 수업

생명의 경이로움

교과연계

초등 과학 6-1	3. 우리 몸의 생김새
중등 과학 3	8. 유전과 진화
고등 생물 1	3. 순환

우주 안의 지구, 지구 안의 우리, 그리고 우리 안의 생명에 대한 두 번째 수업이 시작되었다.

"황홀하게 아름다운 지구에게 안부를 전합니다. 우주에서 바라본 지구의 모습은 진실로 경이롭습니다. ……태평양에 퍼져 있는 섬광들, 오스트레일리아 아래 수평선을 밝히는 남극의 빛, 지구의 옆구리에 놓여 있는 초승달……."

우주 왕복선 컬럼비아 호에 탑승했던 미 해군 여성 군의관이 사고 전날 우주에서 지구 가족들에게 보냈던 이메일 내용입니다. 안타깝게도 그들은 2003년 2월 1일 지구로 귀환하던 도중 공중에서 폭발 사고로 모두 숨졌지만, 그들이 탐사했던 우주 공간과 지구의 모습은 아직도 신비로운 자태로 남아 있습니다.

아주 어두운 밤, 반짝이는 빛으로 끝없이 펼쳐져 있는 아름다운 밤하늘을 바라본 적이 있나요? 그리고 우리가 우주 속에서 살아 있다는 것에 대한 신비함을 느껴 본 적이 있나요?

은하계는 1,000억 개나 되는 별들로 이루어져 있어요. 은하계 중심에서 3만 광년이나 떨어진 곳에 태양계가 위치해 있는데, 우리 별 지구는 그 태양계의 틀 안에서 오늘도 정해진 궤도를 따라 쉼없이 항해하고 있지요. 그리고 우리는 지구라는 별 위에서 살아가고 있어요.

우리는 오늘도 지구라는 행성에서 아침을 맞이하고 따뜻한 태양의 햇살을 받으며 생명을 유지하고 있습니다. 지구의 도시는 온통 회색빛이지만 그런 가운데에도 길가의 가로수들, 화단의 꽃들, 그리고 이름 모를 풀들이 그 푸른 잎들을 펼쳐

들고 햇빛과 물과 공기로 광합성하며 생명력을 뿜어내고 있습니다.

꽃샘바람이 불어도 따스한 봄볕 속에서 꽃들은 저마다의 색깔로 피어나고, 그 꽃들의 향기를 따라 꿀을 찾는 벌들이 윙윙거리며, 나비들은 나풀나풀 날아다닙니다. 쉽게 눈에 띄지 않을 정도로 작은 개미도 누군가가 흘리고 간 빵 부스러기를 주워 물고 바쁘게 지나갑니다. 그뿐만 아닙니다. 아침 햇살에 눈부시게 빛나는 하얀 털을 가진 강아지가 신나게 꼬리를 흔들며 어린아이와 함께 즐겁게 뛰놉니다. 지구는 이렇게 분주히 움직이는 살아 있는 생명체들로 가득 차 있습니다.

그렇다면 생명이란 무엇일까요?

이 질문은 아주 오래되었지만 아직 아무도 그 해답을 찾아내지 못하고 있습니다. 그런 것을 전문적으로 연구하는 생명과학자들에게도 이것은 정말 어려운 질문인 것이지요. 그저 생명체의 특성을 죽 늘어놓음으로써 무생물과 구별할 뿐입니다. 즉, 생명이란 외부의 자극에 반응하고, 에너지(음식물)를 섭취하고 대사하며, 성장하고 번식하며, 탄수화물이나 단백질, 지질, DNA 등으로 이루어진 세포를 가진 것이라는 정도의 생물학적인 정의를 내릴 뿐이지요.

생명은 태어나고, 자라고, 자식을 낳고, 늙고, 병들고, 죽습니다. 미생물도 그러하고 식물도 동물도 그러합니다. 우리 역시 그런 엄숙한 생명의 법칙에 따라 일하고 즐거워하고 때로는 힘들어하다가 어느 날 생명이 다하면 죽어 흙으로 돌아가야 합니다. 그래서 생명을 가지고 살아 있다는 것, 아픔을 느낄 수 있고 사랑을 나눌 수 있다는 것, 그 자체가 존엄한 것입니다. 생명체 하나하나가 다 소중한 것이지요.

오케스트라는 여러 악기들이 함께 어우러져 아름다운 화음을 만들어 냅니다. 마찬가지로 우리의 몸도 뇌, 심장, 위장,

신장, 간 그리고 혈액 등 수많은 장기(organ)로 이루어져 있고, 각 장기들은 수많은 세포(cell)들로 이루어져 있습니다. 이들이 함께 어우러져 생명 현상이라는 아름다운 심포니를 연주하는 것입니다. 내 안에서 나를 만들고 있는 수많은 세포들……. 혈액 세포(blood cell, 적혈구, 백혈구, 혈소판)도 그중 하나예요.

혈액을 이루는 적혈구와 백혈구, 혈소판

자, 그럼 지금부터 혈액(blood)이 무엇인지 함께 탐구해 보기로 하지요. 혈액 세포들은 골수(bone marrow)에서 만들어집니다. 단단한 뼛속의 깊고 안전한 곳에 자리 잡은 골수에서 적혈구, 백혈구, 혈소판 등이 태어납니다. 수많은 세포들이 빽빽하게 자라나고 있는 골수 조직을 현미경으로 들여다보면 정말 놀랍고 신비합니다. 생명이란 본래 이처럼 놀랍고 신비롭고 또 아름다운 것입니다. 크기도 생김새도 하는 일도 전혀 다른 이들 혈액 세포들은 골수 속의 조혈 모세포(피를 만드는 엄마 세포) 또는 줄기세포로부터 만들어집니다.

여러분, 팔을 한번 쭉 펴 보세요. 팔 안쪽에 푸른빛이 나는

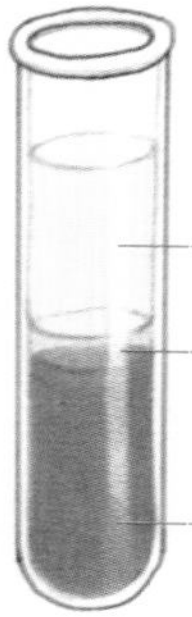

핏줄(정맥)이 보이지요? 피검사를 할 때 거기에서 주사기로 피를 빼냅니다. 빼낸 혈액을 시험관에 담아 원심 분리하면 그림과 같이 나뉘는 것을 볼 수 있어요. 검붉게 보이는 아래층부터 적혈구, 백혈구, 혈소판 등 혈액 세포들이 가라앉고, 위층에는 노란색을 띠는 혈장이 있습니다.

이제 스포이트를 이용해 위의 시험관에서 피 한 방울을 받침유리에 옮겨 떨어뜨리고 얇게 밀어 말린 다음, 염색해서 현미경으로 관찰해 보겠습니다. 어때요? 정말 참 예쁜 혈액

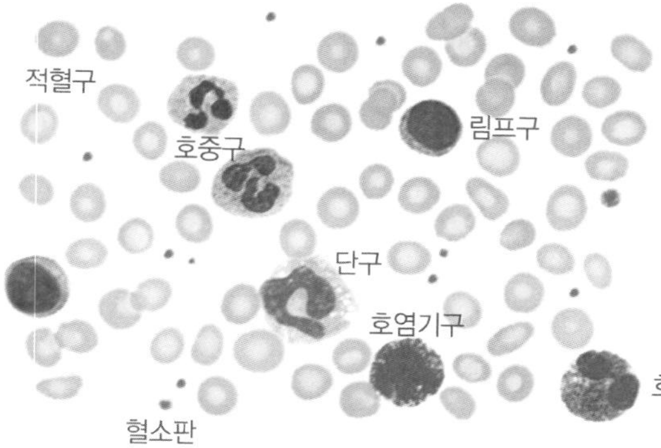

수많은 적혈구 사이로 백혈구와 혈소판이 보인다.

세포들이 보이지요?

그중에서 적혈구(red blood cell)는 지름이 7㎛(마이크로미터, 1m의 $\frac{1}{1,000,000}$) 정도 되고, 핵이 없고 가운데가 움푹 팬 원반 모양을 하고 있기 때문에 중앙 부분이 상대적으로 하얗게 보입니다. 건강한 어른은 피 1μL(1마이크로리터, 1L의 $\frac{1}{1,000,000}$)에 400만~500만 개의 적혈구가 들어 있고, 피 한 방울에는 약 3억 개의 적혈구가 들어 있으니 얼마나 많은 적혈구들이 혈액 속에 들어 있는지 상상이 되지요.

그런데 피는 왜 붉은색일까요? 그 이유는 바로 이 적혈구들 때문입니다. '붉은피톨'이라고도 부르는 적혈구 속에는 붉은빛을 띠는 헤모글로빈(hemoglobin)이 잔뜩 들어 있습니다.

여러분, 적혈구가 무슨 일을 하는지 알지요? 적혈구는 온몸의 세포들에게 산소를 운반하는 아주 중요한 일을 하고 있어요. 우리 몸의 세포들은 산소가 없으면 살 수 없거든요. 그래서 지금 이 순간에도 적혈구들은 폐에서 산소를 받아 혈관을 따라 온몸을 돌면서 산소를 운반하고 있답니다.

헤모글로빈(혈색소)이 모자라면 빈혈을 일으킵니다. 피 속의 적혈구가 부족한 상태인 것이죠. 빈혈 중에 가장 흔한 경우는 철 결핍증(철 결핍성 빈혈)입니다. 헤모글로빈을 만들기 위해서는 철분이 꼭 필요한데 철분이 없거나 부족하면 적혈구 수와 크기가 감소하고 빈혈 증상이 나타나게 됩니다.

골수에 백혈병 등 병이 생기거나 피를 많이 흘리면 빈혈이 생깁니다. 빈혈이 생기면 우리 몸의 각 조직에 산소 공급이 제대로 되지 않아서 금방 숨이 차고 심장 박동이 빨라지며 기운이 없어집니다.

빈혈이 심하면 산소 운반을 잘할 수 있도록 적혈구를 주입해 주어야 합니다. 즉 수혈이 필요합니다. 수혈이란 헌혈받은 피를 환자의 혈관 속에 주입하는 치료 방법을 말해요.

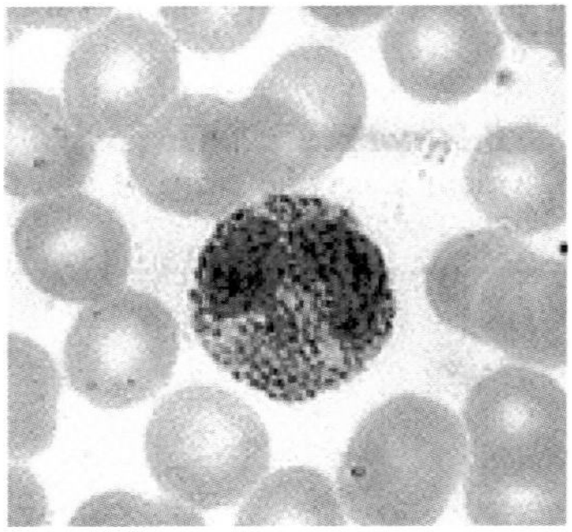
호염기구

피 1μL 속에 6,000~8,000개의 백혈구가 들어 있어요. '흰피톨'인 백혈구(white blood cell)는 염색되기 전에는 무색으로 보이지만 염색 시약으로 물들면 정말 예쁜 모습으로 나타나지요.

백혈구에는 여러 가지 종류가 있습니다. 백혈구 중 $\frac{2}{3}$ 정도는 과립성 백혈구(과립구, 알갱이들을 가진 백혈구)인데, 알갱이의 모양과 색깔에 따라 호중구, 호염기구 및 호산구로 나뉩니다.

이들은 그 알갱이들 속에 적을 공격할 수 있는 무기를 숨겨 두고 있지요. 백혈구는 경찰 또는 군대처럼 우리 몸을 지키는 일을 해요. 외부에서 세균, 바이러스 등 침입자가 쳐들어와 우리 몸을 공격하면 이에 대항하여 백혈구 수를 늘리고 침입자들을 무찌르는 전쟁을 하지요.

단구 또는 대식 세포(macrophage)는 과립구와 마찬가지로 침입자들을 잡아먹어요. 침입자들을 세포 안에서 처리한 후 림프구들에게 그 정보를 제공하여 그 침입자들을 빨리 죽이고 제거할 수 있도록 하는 면역 반응을 일으킵니다.

혈소판(platelet)은 혈액 세포 중에서 크기가 가장 작은데, 피 1μL 속에 25만~40만 개가 들어 있습니다. 혈소판은 비록 덩치는 작지만 다쳤을 때 피를 멈추게 하는 중요한 일을 하지요. 상처에서 피가 나면 혈소판이 손상된 혈관 벽에 재빨리 달라붙고 서로 엉겨붙어 일단 피를 멎게 해 줘요. 동시에 혈소판은 혈장 속에 존재하는 많은 혈액 응고 인자들을 끌어 모아 혈액 응고 덩어리를 만들어 확실하고 단단하게 지혈해 줍니다.

시험관 위층의 누르스름한 액체(혈장) 속에는 무엇이 들어 있을까요? 눈으로는 볼 수 없지만 그 안에는 생명 유지에 꼭 필요한 단백질, 지질, 탄수화물, 전해질, 영양소, 각종 화학 물질 그리고 항체, 혈액 응고 인자 등이 가득 들어 있지요.

항원과 항체

여러분, 다시 현미경으로 적혈구들을 들여다보세요. 조그맣고 반질반질해 보이지만 적혈구 세포 표면에는 다른 세포들처럼 수많은 구조물이 있습니다. 어떤 구조물이 있는지 궁금하지요? 이제부터 상상의 나래를 펴고 우리 몸을 1nm(1나노미터, 1m의 $\frac{1}{1,000,000,000}$)로 축소시킨 후 적혈구 표면으로 탐험을 떠나 보기로 해요.

기대하세요, 엄청난 마이크로 코스모스(소우주)의 세계가 우리 눈앞에 펼쳐집니다! 이제, 눈을 감고 머리를 숙이고 두 주먹을 꽉 쥐어요. 자, 출발!…… 미터(m)…… 센티미터(cm)…… 밀리미터(mm)…… 마이크로미터(μm)…… 나노미터(nm)…….

쉿, 조용히……. 이제 조심스럽게 눈을 떠 봐요. 우리는 지금 적혈구 세포 표면에 도착했습니다. 눈앞에 뭐가 보이나요? 와, 세포 하나가 63빌딩만큼 크게 보이는군요! 지질(lipid)로 만들어져 있는 세포막 위를 출렁거리며 걸어 보세요. 그리고 주위를 둘러보세요. 정교하고 아름답게 만들어진 수많은 단백질(protein)이 마치 웅장하고 거대한 조각품처럼 보이지요?

좀 더 자세히 살펴보세요. 그 단백질들은 당사슬(sugar chain)로 아주 예쁘게, 마치 가을 숲 속의 나뭇잎처럼 화려하게 장식되어 있어요. 나중에 란트슈타이너 박사님께서 이야기해 주시겠지만 ABO 혈액형도 바로 이런 당사슬 속에 위치하고 있어요.

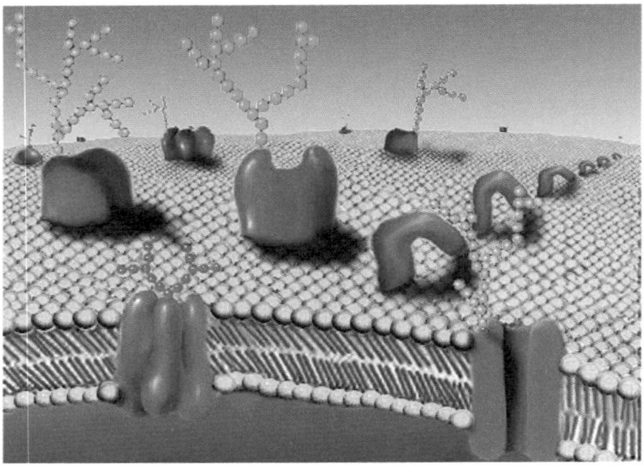

수많은 단백질들은 핵 속의 DNA 유전 정보에 따라 세포 안에서 만들어진 다음, 여기까지 운반되어 이렇게 멋지게 서 있는 거예요. 어떤 단백질은 세포가 필요로 하는 물질들이 드나드는 통로로 쓰이고, 또 어떤 단백질은 다른 세포들이 보내 주는 여러 가지 분자 신호들을 감지하는 안테나 구실을 하지요.

단백질 또는 당사슬의 어떤 부분은 항원(antigen)으로 작용합니다. 항원이란 면역 반응을 일으켜 항체(antibody)를 만드는 물질을 가리키지요. 면역 반응에 의해 만들어진 항체는 자기와 반응할 수 있는 항원을 찾아서 공격합니다. 세균이 우리 몸에 침입하면 우리 몸의 면역 시스템(면역 반응을 담당하고 있는 장기들)은 세균의 세포 표면에 있는 항원에 대한 항체를 만들어서, 그 항원을 가지고 있는 세균을 죽임으로써 우리 몸을 지키는 것이지요.

란트슈타이너 박사님, 안녕하세요?

지금까지 우리는 세포 탐험을 해 보았어요. 재미있었어요? 그런데 좀 이해하기 어려운 부분도 있지요? 당사슬이 뭔지, 항원과 항체가 뭔지, 그리고 혈액형이 뭔지…….

우리가 궁금해하는 모든 것에 대해 란트슈타이너 박사님이 친절하고 재미있게 설명해 주실 거예요. 박사님을 만날 준비가 되었나요? 자, 조금만 참고 모두 눈을 감으세요. 그리고 두 손바닥을 펴고 날갯짓을 해 보세요. 자, 출발! …… 2009……2008……2007…………………………………… 1903……1902……1901…….

여러분은 방금 란트슈타이너 박사님이 살고 있는 오스트리아의 빈에 도착했습니다. 눈을 떠 보세요. 그리고 시계를 보세요. 1901년 9월 1일 오후 1시 정각입니다. 이쪽으로 따라오세요. 담쟁이덩굴에 둘러싸여 있는 고풍스런 '빈 병리 해부 연구소'로 들어가 볼까요? 자, 조용조용 발소리를 죽이고 따라 오세요.

앗! 저기 하얀 실험복을 입고 연구실로 들어가는 사람이 보이네요. 키가 크고 좀 마르고 짧은 머리에 콧수염을 기르고 있군요. 나이 서른두 살인 이 남자의 깊은 갈색 눈동자가 빛나고 있어요. 란트슈타이너 박사님이 틀림없군요. 여러분도 보이지요?

란트슈타이너 박사님을 만나기 전에 잠깐 그가 어떤 사람인지 소개할게요. 박사님은 1868년 이곳 빈에서 태어났어요. 빈은 영화 〈사운드 오브 뮤직〉의 무대이고 합스부르크 왕가의 아름다운 궁전이 있는 곳이지요.

여섯 살 때 법률가였던 아버지가 돌아가신 후 그는 조용한 성격을 가진 어머니의 사랑 속에서 성장했어요. 1891년 빈

의과 대학을 졸업한 후 줄곧 면역과 항체에 대해 연구했고, 1911년 빈 대학의 병리학 교수가 되었답니다. 이후 병리학, 조직학 그리고 면역학 분야에서 많은 연구 업적을 남겼지만, 그의 연구 업적 중에서 단연 빛나는 것은 1900년 ABO 혈액형의 발견입니다. 그 공로로 1930년 노벨 생리 · 의학상을 받았어요.

자, 이제 란트슈타이너 박사님을 만나 볼까요? 잠깐, 란트슈타이너 박사님은 시끄러운 것을 좋아하지 않고 조용한 성격을 가졌답니다. 여러분을 갑자기 만나게 되면 당황할지도 모르니까 너무 큰 소리로 떠들지 말고 조용히 란트슈타이너 박사님의 이야기를 들어야 합니다.

만화로 본문 읽기

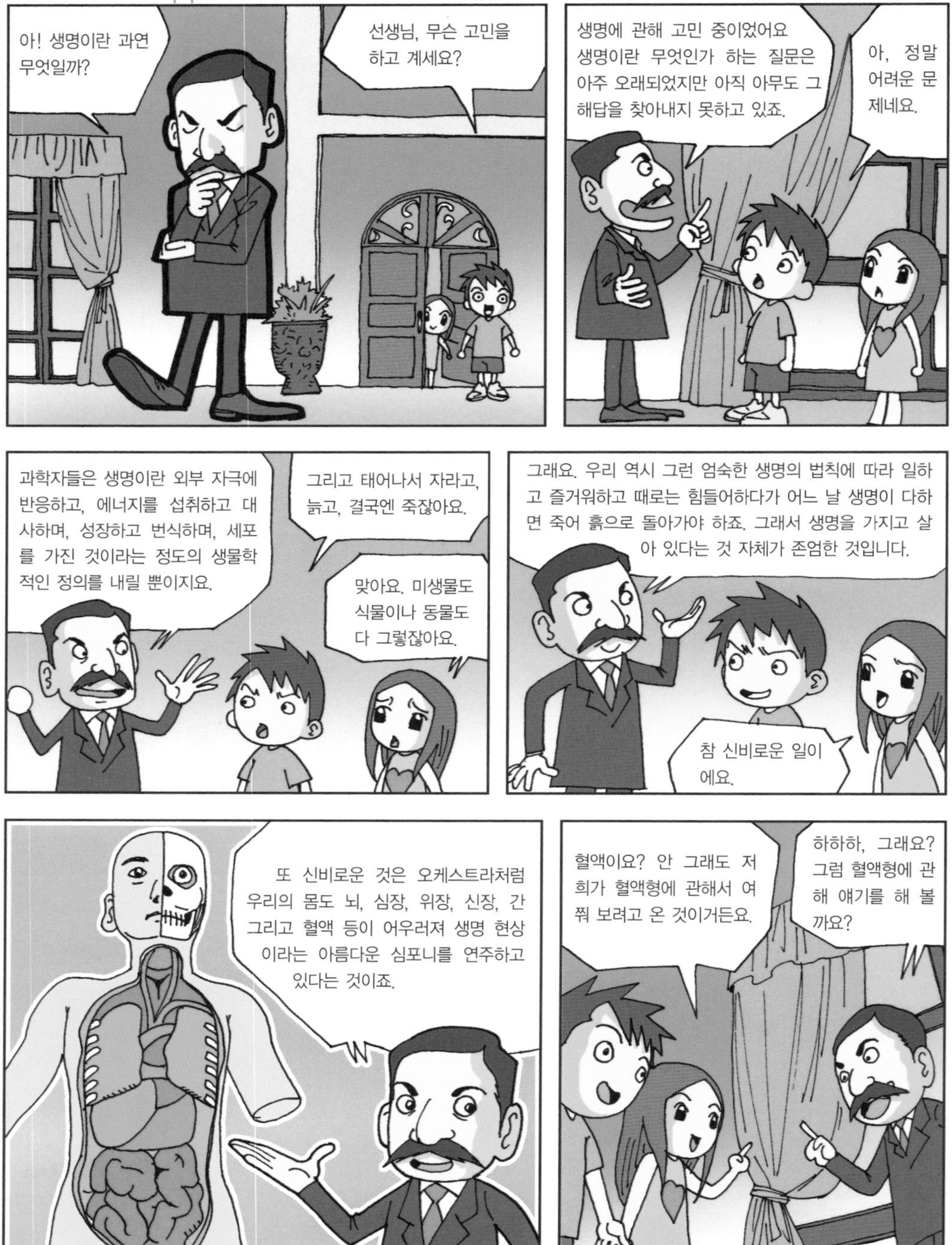
아! 생명이란 과연 무엇일까?
선생님, 무슨 고민을 하고 계세요?
생명에 관해 고민 중이었어요 생명이란 무엇인가 하는 질문은 아주 오래되었지만 아직 아무도 그 해답을 찾아내지 못하고 있죠.
아, 정말 어려운 문제네요.
과학자들은 생명이란 외부 자극에 반응하고, 에너지를 섭취하고 대사하며, 성장하고 번식하며, 세포를 가진 것이라는 정도의 생물학적인 정의를 내릴 뿐이지요.
그리고 태어나서 자라고, 늙고, 결국엔 죽잖아요.
맞아요. 미생물도 식물이나 동물도 다 그렇잖아요.
그래요. 우리 역시 그런 엄숙한 생명의 법칙에 따라 일하고 즐거워하고 때로는 힘들어하다가 어느 날 생명이 다하면 죽어 흙으로 돌아가야 하죠. 그래서 생명을 가지고 살아 있다는 것 자체가 존엄한 것입니다.
참 신비로운 일이에요.
또 신비로운 것은 오케스트라처럼 우리의 몸도 뇌, 심장, 위장, 신장, 간 그리고 혈액 등이 어우러져 생명 현상이라는 아름다운 심포니를 연주하고 있다는 것이죠.
혈액이요? 안 그래도 저희가 혈액형에 관해서 여쭤 보려고 온 것이거든요.
하하하, 그래요? 그럼 혈액형에 관해 얘기를 해 볼까요?

세 번째 수업 3

1667년 **파리**에서

처음 시행되었던 수혈 치료는 어떤 방법을 썼을까요?
란트슈타이너가 혈액 연구를 시작한 이유를 알아봅시다.

3

세 번째 수업

1667년 파리에서

교. 과. 연. 계.	초등 과학 6-1	3. 우리 몸의 생김새
	중등 과학 3	8. 유전과 진화
	고등 생물 1	3. 순환

란트슈타이너의 실험실에서 세 번째 수업이 진행되었다.

사람에게 수행한 최초의 수혈

1901년 빈의 란트슈타이너 박사의 실험실. 란트슈타이너 박사는 갑자기 학생들이 나타나자 당황하였지만, 한참 후에 어떻게 된 일인지를 알고 나서야 학생들에게 이야기를 들려주기 시작했다.

21세기에 살고 있는 여러분이 오늘 나를 만나기 위해 시간 여행을 통해 이곳 실험실까지 방문해 주니 정말 놀랍고 반갑습니다.

먼저 ABO식 혈액형을 어떻게 발견하게 되었는지부터 이야기해 줄게요. 그 역사적 배경부터 이야기해야 할 것 같군요. 재미있는 옛날이야기를 들려줄 테니 모두 귀를 기울이고 들어보세요.

1667년 프랑스 파리, 겨울 찬바람이 부는 길거리를 가엾게도 알몸으로 돌아다니며 울부짖는 남자가 있었습니다. 그는 파리 근교에 살고 있었는데, 그만 병에 걸려서 부인을 때리기도 했고 알몸으로 거리를 헤매다가 아무 데나 불을 지르는 등 미쳐버렸답니다.

그 남자의 이름은 앙투안 모로이였는데, 그의 이름이 역사에 남을 수 있었던 이유는 그가 당시에 첨단 치료법으로 등장한 수혈이라는 것을 받았고 이후 엄청난 사건에 휘말렸기 때문이지요.

그런데 여러분, 수혈이 무엇인지 아세요? 수혈이란 피가 모자라서 생명이 위태롭게 된 환자에게 피를 주입하는 치료를 말합니다.

옛날 사람들은 나쁜 병을 치료하기 위해 수혈을 했어요. 피에 대해서도 지금과 아주 다르게 생각했지요. 글쎄, 황당하게도 먹은 음식이 간에서 피로 변한 후 영양분으로 사용되고 소모된다고 생각했던 거예요. 심지어는 피를 먹이는 치료도 있었어요.

그러다 1628년 영국인 의사 하비(William Harvey, 1578~1657)가 혈액은 심장, 동맥, 모세 혈관, 정맥을 통해 온몸을 순환한다는 사실을 밝힌 이후 혈관 속으로 피를 주입하는 것에 대해 생각하게 되었습니다.

수혈은 17세기부터 시작되었지만, 당시의 방법은 오늘날의 모습과 아주 달랐습니다. 과학적이지 않았고 '미신적'이었습니다. '나쁜 병'을 치료하기 위하여 피를 사용하다니요. 더 끔찍한 것은 양 또는 송아지 같은 동물의 피를 수혈한 거예요. 그런 동물의 피가 깨끗해 치료 효과가 있을 것이라고 믿었기 때문이라나요.

최초의 수혈은 1665년 2월 로어(Richard Lower)라는 영국인 의사에 의해 시행되었습니다. 하비의 혈액 순환설을 받아들인 그는 옥스퍼드 대학교에서 2마리의 개로 실험을 했는데, 한쪽 개의 목에 있는 동맥(심장에서 나오는 핏줄)과 남은 한쪽 개의 정맥(심장으로 들어가는 핏줄)을 갈대 대롱으로 서로 연결해서 한쪽 개의 동맥피가 다른 한쪽 개의 정맥 속으로 흘

러들어 가게 했습니다. 이것이 최초의 수혈 실험입니다.

이때 로어의 획기적인 수혈 실험을 보고 크게 감동받은 사람이 있었는데, 드니(Jean Denis)라는 프랑스의 젊은 의사였습니다. 그는 당시 프랑스의 왕이었던 루이 14세를 치료하는 의사이기도 했지요. 1667년 6월 드니는 원인 모를 열병을 앓고 있던 15세 소년에게 양의 피를 수혈했습니다. 이것은 사람에게 시행한 최초의 수혈이었지요.

그해 겨울 어느 날, 드니는 친구가 불쌍히 여겨 데리고 온 병에 걸린 남자를 만나게 됩니다. 파리 시내를 알몸으로 헤

매고 다녔던 바로 그 광인이었어요. 드니는 그 가엾은 환자를 치료하기 위해 당시의 최첨단 치료법인 수혈을 사용했습니다.

첫 번째 수혈에서 드니는 그 환자에게서 300mL(1mL, 1L의 $\frac{1}{1,000}$)의 피를 빼내고 송아지의 피 170mL를 수혈했습니다. 이틀 후 두 번째 수혈이 시행되었는데 첫 번째 수혈 때보다 많은 피를 환자에게 주입했습니다. 드니는 수혈 결과를 다음과 같이 기록했지요.

"피가 환자의 정맥을 통해 주입되자 환자는 팔에 통증을 느꼈다. 그의 맥박은 빨리 뛰기 시작했고 얼굴에서는 많은 땀이 나기 시작했다. 이후 맥박이 뛰는 속도가 빨라졌고 양 옆구리와 배가 무척 아프다고 호소했다. 질식할 것 같다고 해서 환자를 편히 눕혔더니 잠이 들었고 다음 날 아침까지 곤히 잠을 잤다. 환자는 아침에 깨어나서 소변을 보았는데 그 색깔이 굴뚝 검댕이 섞인 것처럼 검었다."

드니는 검은 소변이 나오는 것을 보고 환자의 몸속에서 환자를 미치게 했던 나쁜 물질인 '검은 담즙'이 빠져나온 것이라 생각했고, 수혈 치료는 성공적이었다고 결론 내렸습니다. (그러나 사실은 송아지의 적혈구가 환자의 몸속에서 모두 깨져서, 즉 '용혈'되어서 검은 소변이 나온 것이지요.) 몇 달 후 환자는 병이 도졌고, 그의 부인이 그를 드니에게 데리고 갔으나 수혈 치료를 받지 못하고 결국 사망했답니다.

그런데 이 일은 그냥 단순한 사건으로 끝나지 않았답니다. 드니의 업적을 시기하는 파리의 보수파 의사들이 환자의 부인을 꾀어 드니가 재판을 받도록 했던 것이지요. 나중에 그 환자가 죽은 진짜 이유는 부인이 독이 든 음식을 먹였기 때문이었다는 사실이 드러나게 되어 다행히 드니는 죄가 없다고 판결되었습니다.

그런데 놀랍게도 이 사건 이후 하비의 혈액 순환론조차 인정하지 않았던 보수적인 파리 의사회는 자신들의 허가 없이는 누구도 수혈할 수 없다고 단호하게 공표했고, 마침내 여기에 동조한 가톨릭 교황이 수혈 금지 칙령을 내림으로써 17세기에 새로운 치료법으로 등장했던 수혈 치료는 그만 막을 내리고 말았습니다.

그러나 여러분, 다시 말씀드리지만 분명히 알아야 할 점이 있어요. 그 시대에 시행되었던 수혈은 사실 올바른 수혈이 아니었습니다. 동물의 피를 수혈해 병을 치료하겠다는 아이디어는 잘못된 것이지요. 아무튼 그 후 수혈 치료는 무려 150년간이나 금지되었습니다.

150년간 금지되었던 수혈이 다시 시작되다

오랫동안 금지되었던 수혈이 다시 시작될 수 있었던 것은 영국인 산부인과 의사 블런델(James Blundell) 덕분이었어요. 1818년 12월 블런델은 위암으로 거의 죽어 가던 환자에게 사람의 혈액 400mL를 수혈하는 데 성공했습니다. 이것은 인류 최초로 사람의 혈액을 사용한 수혈이었어요. 이후에도 블런델은 아이를 낳은 후 피를 많이 흘린 산모의 치료를 위해 사람의 혈액으로 수혈을 했다고 합니다. 드니의 수혈과는 다른, 제대로 된 의미의 수혈이었지요.

블런델은 수혈을 위해 혈액 제공자의 동맥과 환자의 정맥을 서로 연결하는 복잡한 특수 장치를 만들어 사용했습니다. 피는 혈관 밖으로 나오면 응고(피가 굳어 덩어리지는 현상)되기 때문에 그렇게 되기 전에 재빨리 환자의 정맥 속으로 주입해야 했습니다. 그 후 유럽의 많은 의사들도 블런델의 방법을 따라 하기 시작했습니다.

그러나 수혈은 일부 사람들에게는 생명을 소생시키는 아주 좋은 치료법이었으나, 정말 이상하게도 어떤 사람들에게는 심한 수혈 부작용이 나타났어요. 수혈한 적혈구가 모두 용혈(적혈구가 파괴되는 현상)되어 버리는 것이었습니다.

용혈만 일어나는 것이 아니라 혈압이 떨어지고 열이 나며 황달이 생기고 '검은 소변'이 나오고 신장 기능이 저하되는 등 온몸에 부작용이 나타나는 거였어요. 심한 경우에는 환자가 죽기도 했지요.

왜 수혈이 어떤 사람들에게는 괜찮고, 어떤 사람들에게는 심한 부작용을 일으키는지는 도저히 알 수 없었어요. 그것은 오랫동안 수수께끼로 남아 있었습니다.

나는 그 수수께끼를 풀기 위해 과감하게 도전했습니다. 어떻게 했는지 궁금하지요? 내일은 그 이야기를 해 줄게요.

만화로 본문 읽기

혈액형이 왜 필요할까요?
여러 가지 이유가 있겠지만 수혈하는 데 꼭 필요한 정보겠죠? 참! 그런데 여러분, 수혈이 무엇인지 아세요?
만병통치약 '피'다
쿨럭
피
수혈이란 피가 모자라는 환자에게 피를 주입하는 치료를 말하는 것 아닌가요?
맞아요. 그런데 옛날 사람들은 나쁜 병을 치료하기 위해 동물 피를 수혈하거나 피를 환자에게 먹게 했어요.
윽, 피를 먹게 해요?
그러다 1628년 영국인 의사 하비가 혈액은 심장, 동맥, 모세 혈관, 정맥을 통해 온몸을 순환한다는 사실을 밝힌 이후 혈관 속으로 피를 주입하게 되었죠. 하지만 당시의 수혈 방법은 현대의 것과 아주 달랐어요.
달라요? 어떻게요?
나쁜 병을 치료하기 위하여 피를 사용하고, 양 또는 송아지 같은 동물의 피를 수혈하기도 했어요. 그런 동물의 피가 깨끗해서 치료 효과가 있을 것이라고 믿었기 때문이라나요.
1665년 2월 하비의 혈액 순환설을 받아들인 로어라는 영국인 의사가 두 마리의 개로 실험을 했는데, 한쪽 개의 목에 있는 동맥과 다른 개의 정맥을 갈대 대롱으로 서로 연결했어요. 이것이 최초의 수혈 실험이었죠.
으, 왠지 얘기를 듣다 보니 점점 더 끔찍해지네요.
맞아요. 조금 무섭기도 하고요.
하하, 그래요?

네 번째 수업

4

적혈구의 신기한 응집

혈액 속에는 다른 사람의 적혈구를 응집시키는 어떤 물질이 있습니다.
수혈의 부작용과 적혈구의 응집 물질에 대해 알아봅시다.

4

네 번째 수업
적혈구의 신기한 응집

교.과.연.계.	초등 과학 6-1	3. 우리 몸의 생김새
	중등 과학 3	8. 유전과 진화
	고등 생물 1	3. 순환

란트슈타이너가 콧수염을 쓰다듬으며 네 번째 수업을 시작했다.

빈에서의 둘째 날이다. 어제 란트슈타이너 박사의 수업에서 역사 속으로 빠져 들어갔던 학생들은 그다음 이야기를 궁금해하며 수업을 기다리고 있다. 맨 앞에 자리한 영희와 철수의 눈동자가 유난히 반짝인다.

피를 응집시키고 용혈시키는 물질

1899년, 그러니까 지금부터 2년 전이군요. 한 연구자가 양의 적혈구를 개의 혈청(응고된 혈액의 액체 성분)과 섞었더니 2분도 채 안 되어 양의 적혈구가 모두 응집(적혈구들이 뭉쳐 눈에 보일 정도로 덩어리지는 현상)되거나 용혈(적혈구가 파괴되는 현상)되는 반응이 관찰되었다고 보고하였습니다. 나는 그의 연구 결과를 보고 큰 감동을 받았습니다.

'왜 그런 반응이 나왔을까? 이것은 개의 혈청에는 양의 적혈구를 응집시키거나 용혈 반응을 일으키는 어떤 물질이 들어 있다는 뜻이 아닌가……. 종류가 다른 동물들 사이에서는 서로 적혈구를 응집시키거나 용혈 반응을 일으키는 물질이 존재하는 걸까? 그렇다면 사람들 사이에서는 어떨까? 지금까지의 수혈 결과들을 분석해 보면 건강한 사람의 혈액이 환자들에게 수혈된 후 용혈 부작용이 나타났는데, 그것은 아마도 환자의 몸 상태가 정상적이지 않아서 그랬던 것일까? 아니면 혹시 건강한 사람의 혈액 속에도 다른 사람의 적혈구를 응집하거나 용혈 반응을 일으킬 수 있는 물질이 기본적으로 존재하는 것일까? 사람의 혈액은 각기 다른데, 이 중에서 서로 맞지 않는 혈액끼리 섞여서 수혈 부작용이 나타나는 것은 아닐까?'

이 생각 저 생각이 꼬리를 물었습니다. 그러던 중, 1900년 어느 날 나는 드디어 실험을 직접 해 보기로 했습니다. 나 자신의 피도 뽑고 실험실 연구원 5명의 피도 뽑았습니다. 그리고 서로의 적혈구와 혈청을 분리한 후 받침유리 위에서 섞어 보며 어떤 일이 일어나는지 관찰해 보았지요. 그랬더니 놀라운 일이 일어났어요.

눈에 보이지 않았던 적혈구들이 서로 엉겨 붙어 눈에 보이는 작은 덩어리를 만드는 것이었습니다! '응집'이 일어났던 것입니다. 그런데 모두 응집이 일어난 것은 아니었습니다. 어떤 것은 응집이 일어나고, 어떤 것은 응집이 일어나지 않았습니다. 우리 눈앞에서 정말 신기한 반응이 일어났던 것입니다!

란트슈타이너 박사는 침을 꿀꺽 삼키더니 벌떡 일어나 칠판으로 걸어갔다. 그러고는 분필을 들고 칠판에 선을 죽죽 그으며 표를 만들었다. 그리고 약간 흥분된 어조로 설명을 시작했다.

⋆(+) 표시는 응집이 일어난 경우이고, (−) 표시는 응집이 일어나지 않는 경우

	연구원 1	연구원 2	연구원 3	연구원 4	연구원 5	연구원 6
연구원 1	−	+	+	+	+	−
연구원 2	−	−	+	+	−	−
연구원 3	−	+	−	−	+	−
연구원 4	−	+	−	−	+	−
연구원 5	−	−	+	+	−	−
연구원 6	−	+	+	+	+	−

적혈구 응집 반응 실험

나는 이 실험 결과를 유심히 들여다보았습니다. 어떤 규칙이 숨어 있는 게 분명했습니다. 이후 나는 계속해서 실험을 해 보았지요. 그러다가 마침내 사람의 혈액 속에는 다른 사람의 적혈구를 응집시키는 물질인 응집소(agglutinin)가 존재하고, 응집소에는 응집소 알파(α)와 응집소 베타(β), 두 가지가 있다는 사실을 알았습니다. 얼마나 가슴이 뛰었는지요! 그다음은 쉬웠어요.

응집소 알파(α)에 의해 응집이 일어나는 혈액은 A형, 응집소 베타(β)에 의해 응집이 일어나는 혈액은 B형, 두 가지 응집소에 모두 응집이 일어나지 않는 혈액은 C형이라고 각각 혈액형의 이름을 지었습니다.

그런데 그 다음 해에는 저의 제자들이 두 가지 응집소에 모두 반응해서 응집이 일어나는 새로운 혈액형을 발견했습니다. 우리는 이것을 D형이라고 이름을 붙이려다 아무래도 혼동이 올 것 같아서 이름을 고치기로 했습니다.

응집소 알파(α)와 응집소 베타(β)와 반응해서 모두 응집이 일어나는 것을 AB형이라고 하고, 전혀 응집이 일어나지 않은 것을 제로(zero)의 의미로 O형이라고 하는 것이 좋을 것 같았습니다. 이렇게 해서 A형, B형, O형 그리고 AB형이라는 4가지 혈액형(ABO식 혈액형)을 발견할 수 있었던 것입니다.

AB형이 맨 나중에 발견된 이유는 유럽에는 AB형이 아주 드물기(100명 중에 2~3명, 한국에서는 100명 중에 11명) 때문이었지요. 나중에는 '응집소'의 정체가 밝혀져 그것이 '항체'라는 사실을 알게 되었습니다. 즉, 응집소 알파(α)는 anti-A 항체이고, 응집소 베타(β)는 anti-B 항체였던 것입니다.

*(+) 표시는 응집이 일어난 경우이고, (−) 표시는 응집이 일어나지 않은 경우

혈청	응집소	적혈구			
		O	A	B	AB
O	αβ	−	+	+	+
A	β	−	−	+	+
B	α	−	+	−	+
AB	-	−	−	−	−

아까부터 고개를 갸우뚱거리던 철수가 손을 들고 질문했다.

__란트슈타이너 박사님, 너무 어려워요. 무슨 이야기인지 잘 모르겠어요. 좀 더 자세하게 설명해 주시면 좋겠어요.

질문을 받은 란트슈타이너 박사는 빙긋이 웃으며 분필을 내려놓았다. 그러고는 실험대 쪽으로 걸어가서 받침유리를 여러 장 깔아 놓고 혈액이 들어 있는 시험관 여러 개를 집어 들더니 이야기를 시작했다.

핏방울의 응집과 용혈 실험

여러분, 사실 설명만 들으면 이해하기 어려울 거예요. 그래서 지금부터는 여러분과 함께 직접 실험을 해 보기로 하죠.

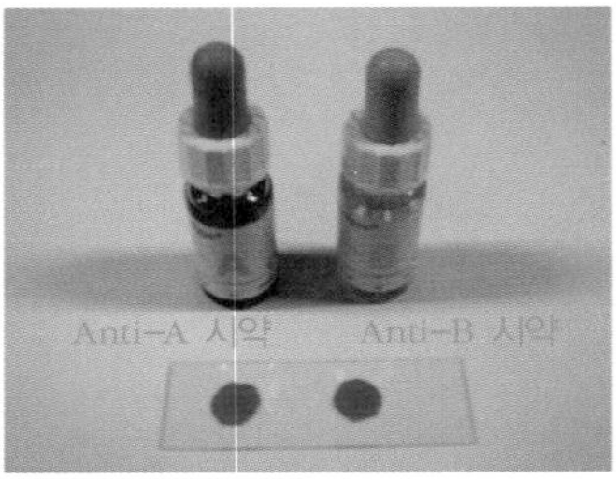

먼저 혈액형 검사를 하고 싶은 핏방울을 받침유리 위에 1방울씩 2군데에 떨어뜨립니다. 그리고 파란색 시약과 노란색 시약을 준비해 둡니다. 파란색 시약에는 anti–A(응집소 α 또는 항A 혈청)가 들어 있고, 노란색 시약에는 anti–B(응집소 β 또는 항B 혈청)가 들어 있습니다.

각각의 핏방울 위에 anti–A와 anti–B를 1방울씩 떨어뜨리고 잘 섞습니다.

1분쯤 지나면 anti–A를 떨어뜨린 핏방울에서만 응집이 보이기 시작합니다. A형입니다. A형은 이렇게 anti–A하고만 반응해서 응집이 일어납니다.

이번엔 다른 사람의 핏방울에 anti–A와 anti–B를 각각 떨어뜨리고 잘 섞어 보겠습니다. 오른쪽에만 응집이 나타났네요. 그렇다면 혈액형은 B형입니다. B형은 이렇게 anti-B하고만 반응해서 응집이 일어납니다.

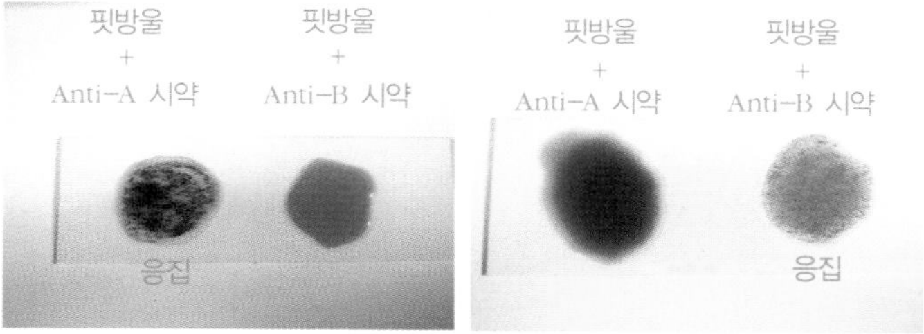

아래의 왼쪽 핏방울의 혈액형도 맞춰 보세요. 그래요, Anti-A와 anti-B 모두에서 응집이 일어나지 않았으니까 O형입니다. O형은 왜 응집이 일어나지 않을까요? 그 이유는 O형은 A형과 B형의 항원을 모두 가지고 있지 않으니까 anti-A 또는 anti-B와 반응하지 않기 때문입니다.

아래의 그림 오른쪽은요? 맞아요, Anti-A와 anti-B 모두에서 응집이 일어났으니까 AB형입니다. AB형은 왜 둘 다 응

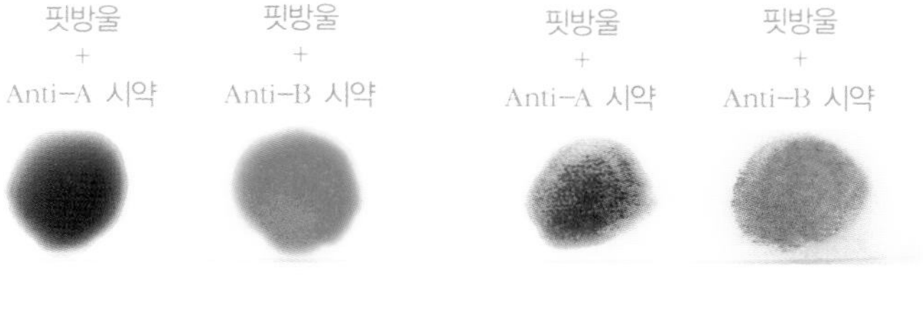

집이 일어날까요? AB형은 A형과 B형의 항원을 모두 가지고 있어서 Anti-A와도 anti-B와도 반응하기 때문이죠.

자, 정리해 볼까요? A형은 적혈구 표면에 A형 항원만을 가지고 있고, B형은 B형 항원만을 가지고 있습니다. AB형은 A형과 B형 둘 다 가지고 있고, O형은 둘 다 없습니다. Anti-A는 A형 항원하고만 반응하고, anti-B는 B형 항원하고만 반응합니다. 그래서 anti-A와 반응해서 응집이 일어나면 A형이고, anti-B와 반응해서 응집이 일어나면 B형입니다. 그리고 둘 다 응집이 일어나지 않으면 O형이고 둘 다 응집이 일어나면 AB형입니다. 이제는 알겠지요?

학생들이 조금씩 고개를 끄덕였다. 철수는 용기를 내서 또 질문을 했다.

__란트슈타이너 박사님, A형 적혈구가 anti-A와 만나면 왜 '응집'이 일어나지요? 그리고 어떤 때는 '용혈'이 일어난다고 아까 박사님이 말씀하셨잖아요. 우리 실험에서는 왜 용혈이 안 일어났어요? 어떤 때 용혈이 일어나나요?

란트슈타이너 박사님은 조금 놀라며 아주 좋은 질문이라고 칭찬했

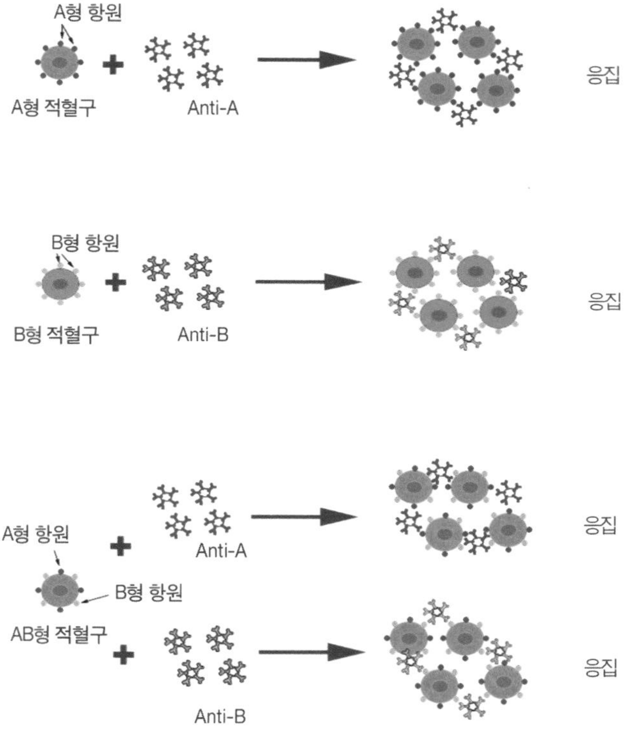

다. 그러고는 다시 칠판으로 가서 분필을 들더니 동그라미 여러 개를 그리면서 이야기하기 시작했다.

이 동그라미들이 적혈구들입니다. A형인 사람의 적혈구 표면에는 A형 항원이 잔뜩 있어요. 그리고 파란색 시약 속에는 anti-A가 잔뜩 들어 있어요. Anti-A 항체들은 적혈구 표면에 있는 A형 항원과 만나 결합하게 되는데, 이 항체들이 따로따로 떨어져 있는 적혈구들을 결합해서 서로 연결되게 하지요. 그러면 결국에는 수많은 적혈구들이 손에 손을 맞잡고 서로 연결되어 눈에 보이는 덩어리를 만들게 되는데 바로 이것이 '응집'입니다.

항원과 항체가 무엇인지 아직 잘 모르겠다고요? 항원과 항체에 대해서는 다음 시간에 자세히 설명할게요.

그리고 '용혈'에 대해 질문했는데 용혈은 항체와 결합한 적혈구가 파괴되는 것을 말합니다. 용혈은 우리 혈액 속에 있는 '보체'라는 물질 때문에 일어납니다. 보체는 섭씨 36.5℃에서(체온) 항체와 결합한 적혈구를 용혈시킵니다. 그래서 이렇게 받침유리 위에서 반응시키면 항체가 적혈구와 결합하더라도 섭씨 36.5℃보다 낮은 온도(실내 온도)라서 보체는 그냥 얌전히 있게 되니까 응집만 일어나고 용혈은 일어나지 않습니다.

만약 B형인 사람에게 A형 적혈구를 수혈하면 어떻게 될까요? B형인 사람은 anti-A 항체를 가지고 있습니다. 그래서 anti-A 항체가 수혈된 A형 적혈구에 결합해 결국 섭씨 36.5℃에서 보체에 의해 적혈구가 모두 용혈되는 끔찍한 일이 벌어지는 것입니다. 이것이 바로 용혈성 수혈 부작용입니다.

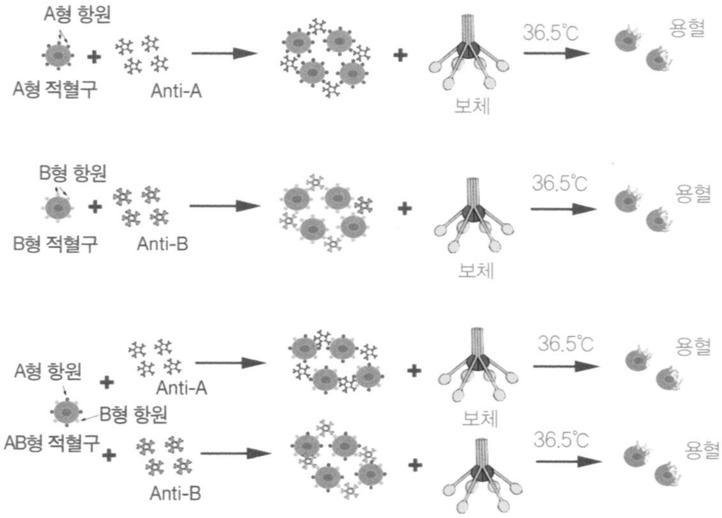

란트슈타이너 박사님은 콧수염을 한번 만지더니 이야기를 계속했다.

여러분, 그동안 수혈이 어떤 사람에게는 괜찮고 어떤 사람에게는 심한 부작용을 일으키는지 몰랐다고 이야기했지요? 그래서 나는 그 수수께끼를 풀기 위해 도전했던 것이고 이렇게 ABO식 혈액형을 발견하게 되었던 것입니다.

사람들이 가지고 있는 코와 눈의 생김새가 다르듯이, 사람들이 가지고 있는 적혈구 항원의 모습도 달라요. 어떤 사람들은 적혈구 표면에 A형 항원을 가지고 있고, 또 어떤 사람들은 B형 항원을 가지고 있어요.

만약 혈액형이 맞지 않는 적혈구를 수혈하면 지금까지 설명한 것처럼 응집과 용혈이 일어나기 때문에 수혈 부작용이 생기는 거지요. 그래서 혈액형을 맞춰 수혈하면 안전하고, 혈액형이 맞지 않은 수혈을 하면 심한 용혈성 수혈 부작용이 생기는 거예요.

__박사님, B형인 사람은 anti-A를 가지고 있다고 하셨잖아요. 그건 왜 그래요?"

와, 정말 똑똑하네요. 좋은 질문이에요. B형인 사람은 anti-A를 가지고 있고, A형인 사람은 anti-B를 가지고 있으며, O형인 사람은 anti-A와 anti-B 둘 다 가지고 있어요. 그리고 AB형인 사람은 2가지 응집소, 즉 anti-A와 anti-B 둘 다 없어요. 왜 그럴까요?

이것 역시 수수께끼입니다. 나도 알지 못합니다. 이것은 내가 죽고 난 후에야 밝혀졌습니다. 항원과 항체가 무엇인지, 그리고 영희가 한 질문에 대해서는 내일 다시 만나 이야기해 줄게요.

만화로 본문 읽기

선생님, 이 사진은 연구소에서 찍은 사진인가 봐요?
아, 그건 제자들과 적혈구의 응집에 대해 발견했을 때 찍은 사진이랍니다.
그때 얘기를 좀 해 주세요.
그러니까 1899년에 한 연구자가 양의 적혈구를 개의 혈청과 섞었더니 2분도 채 안 되어 양의 적혈구가 모두 응집되거나 용혈되는 것을 관찰하였습니다. 저는 그의 연구 결과를 보고 큰 감동을 받았었죠.
도약
혈액의 응집과 용혈
지은이 : 연구자
홍콩 반점
개의 혈청에는 양의 적혈구를 응집시키거나 용혈시키는 물질이 들어 있다는 뜻인데….
종류가 다른 동물들 사이에서는 서로 적혈구를 응집시키거나 용혈 반응을 일으키는 물질이?
그렇다면 사람들 사이에서는 어떨까?
지금까지의 수혈 결과 건강한 사람의 혈액이 환자들에게 수혈된 후 용혈 부작용이 나타났는데, 혹시 사람의 혈액이 각기 달라서 맞지 않는 혈액끼리 섞여서 수혈 부작용이 나타난 것인가? 그래, 직접 실험을 해봐야겠다!
1900년 드디어 나와 실험실 연구원 5명의 피를 뽑아 실험을 직접 했습니다. 그리고 서로의 적혈구와 혈청을 분리한 후 유리 받침 위에서 섞어 보며 어떤 일이 일어나는지 관찰해 보았지요. 그랬더니 놀라운 일이 일어났어요.
놀라운 일이요?
눈에 보이지 않던 적혈구들이 엉겨붙어 눈에 보이는 작은 덩어리를 만든 것입니다! 응집이 일어난 것이죠. 이 실험 결과로 ABO식 혈액형이 발견되었지요.
와, 정말 대단해요.

다 섯 번 째 수 업

5

항원과 항체

우리 몸을 세균과 바이러스로부터 지켜 주는
면역 시스템에 대해 알아봅시다.

5

다섯 번째 수업

항원과 항체

교.	초등 과학 6-1	3. 우리 몸의 생김새
과.	중등 과학 3	8. 유전과 진화
연.	고등 생물 1	3. 순환
계.		

란트슈타이너 박사가 실험실로 들어와 다섯 번째 수업을 시작했다.

항원은 항체를 만들게 하는 원인 물질

오늘은 어제 약속한 대로 '항원'과 '항체'에 대해 이야기할게요. 여러분 지금 이 순간도 우리 주변에는 세균과 바이러스들이 와글거리며 우리 몸을 노리고 있다는 사실을 알고 있나요? 그런데 어떻게 우리는 건강할 수 있을까요?

그것은 바로 백혈구로 구성된 면역 시스템이 우리 몸을 지켜 주고 있기 때문이지요. 면역 시스템은 우리 몸에 들어와서 소란을 일으키는 침입자들을 공격하는 강력한 방어 능력을 가지고 있습니다. 면역 시스템의 공격 방법 중 하나가 바로 항체를 만드는 일입니다.

항원이란 쉽게 말해 항체를 만들게 하는 원인 물질입니다. 그것이 무엇이든 항체를 만들게 하는 원인으로 작용하면 모두 항원입니다. 세균의 표면에도 항원이 있고, 사실 적혈구 표면에 있는 혈액형도 항원입니다.

이런 항원들이 우리 몸에 들어오면 면역 시스템이 작동하여 그 항원을 가진 침입자를 무찌를 수 있는 항체를 만들게 되지요. 그리고 그 항체는 침입자의 표면에 있는 항원에 꼭 달라붙어 침입자를 없애는 일을 합니다.

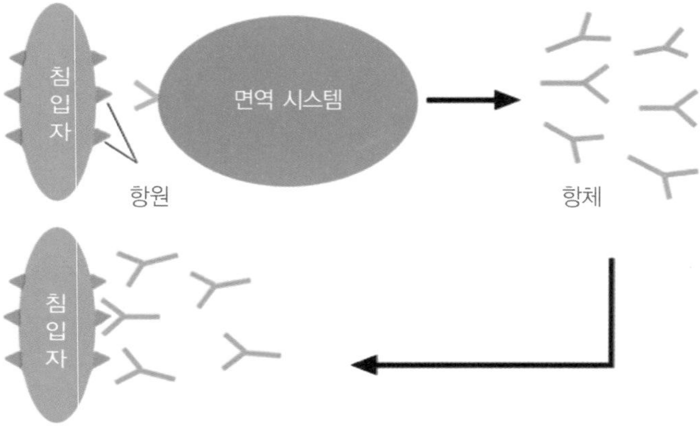

항원을 가진 침입자가 우리 몸에 들어오면 면역 시스템은 항체를 만들고, 만들어진 항체는 침입자를 공격한다.

항체들도 이름을 가지고 있습니다. 어떻게 이름 붙이는지 아세요? 아주 쉽습니다. 그냥 항원 이름 앞에 'anti-(안티-)'라는 말을 붙이면 됩니다. 예를 들어 혈액형의 A형 항원에 대한 항체는 'anti-A'이고, B형 항원에 대한 항체는 'anti-B'입니다. Rh에 대한 항체의 이름은 무엇일까요? 네, 맞아요. Anti-Rh입니다.

anti-A는 A와 만나 달라붙고, anti-B는 B와 만나 달라붙습니다. 그리고 항체가 항원을 만나 달라붙으면 그 항원을 가진 침입자는 파괴되거나 제거됩니다. 그래서 만약 A형 항원을 가진 적혈구가 anti-A 항체를 가지고 있는 B형 환자에게 수혈되면 그 적혈구는 용혈됩니다.

B형 간염 예방 접종을 하면 우리의 면역 시스템이 anti-HBsAg(B형 간염 바이러스 항원인 HBsAg에 대한 항체)를 만들게 되는데, 이때 B형 간염 바이러스가 침입하면 그 바이러스들은 항체들에 의해 공격받아 모두 죽게 되지요. 그래서 예방 효과가 나타나는 것입니다.

백혈구가 하는 일

우리의 면역 시스템은 온통 세균들로 가득 차 있는 이 세상에서 우리가 건강하게 살 수 있도록 우리 몸을 지키고 있습니다. 수혈도 일종의 '항원의 침입'입니다. 그래서 면역 시스템이 항체를 만들어 혈액형이 다른 적혈구를 용혈하는 것입니다. 수혈할 때 꼭 혈액형을 맞춰야 하는 이유가 바로 그 때문이지요. 이제는 항원이 뭐고 항체가 뭔지 알겠지요?

수혈할 때 혈액형을 '맞춘다'는 말이 무슨 뜻일까요? 다음 그림을 보세요. 피를 주고받을 수 있는 혈액형 관계를 그림으로 그려 봤어요. 중요한 원칙은 반드시 혈액형이 '똑같은'

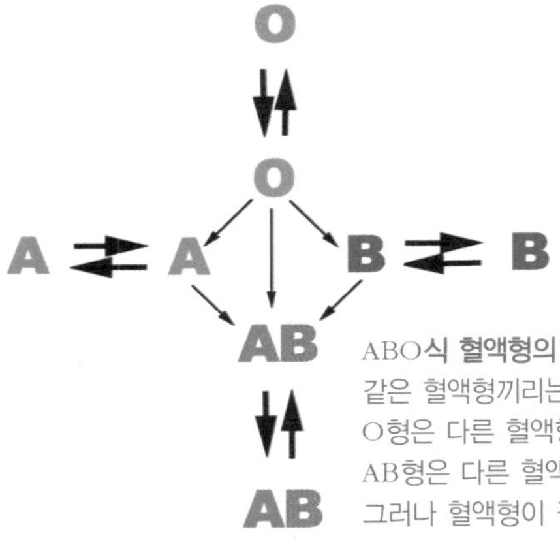

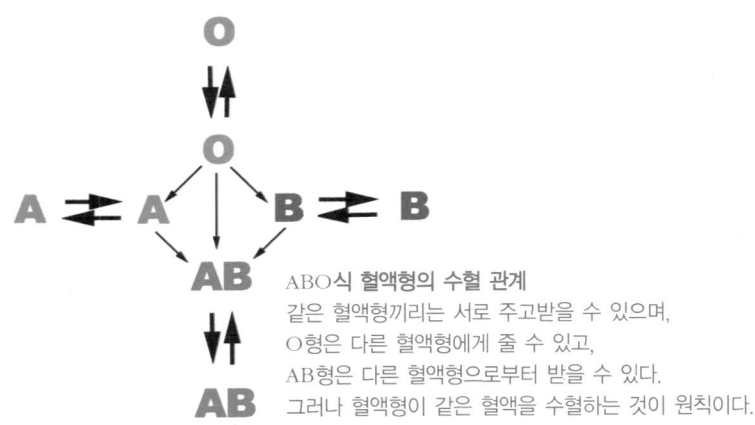

ABO식 **혈액형의 수혈 관계**
같은 혈액형끼리는 서로 주고받을 수 있으며,
O형은 다른 혈액형에게 줄 수 있고,
AB형은 다른 혈액형으로부터 받을 수 있다.
그러나 혈액형이 같은 혈액을 수혈하는 것이 원칙이다.

혈액을 수혈하는 것입니다. 그래서 굵은 화살표로 표시하였습니다. 그러나 똑같은 혈액형의 혈액이 없는 상황에서 응급으로 수혈이 필요할 경우에는 가느다란 화살표 방향으로도 수혈할 수 있습니다.

예를 들어, AB형인 사람은 A형, B형, 또는 O형인 사람의 혈액도 받을 수 있는데 그 이유는 AB형은 anti-A 또는 anti-B 항체를 가지고 있지 않기 때문입니다. 반대로 O형인 사람은 A형과 B형 항원을 가지고 있지 않기 때문에 설령 anti-A 또는 anti-B 항체를 가진 사람에게 수혈해도 괜찮습니다. 공격당할 항원이 없으니까요. 그래서 O형은 혈액형이 다른 사람에게도 혈액을 줄 수 있습 니다. 이 때문에 O형인 사람을 '만능 헌혈자(universal donor)'라고 부르기도 하지요.

그러나 O형의 혈액을 다른 사람에게 수혈하면 O형의 anti-A와 anti-B 항체가 환자의 혈액 속에 있는 A형 또는 B형 적혈구에 달라붙을 수 있겠지요? 그런데 다행히도 적은 양이 수혈될 때는 항체가 환자의 혈액 속으로 들어간 후 묽어지므로 괜찮습니다. 그래서 응급 상황에서 똑같은 혈액형이 없을 때는 O형을 수혈할 수 있는 것입니다.

어제 받은 질문이 생각나네요. 왜 A형은 anti-B를, B형은

anti-A를, 그리고 O형은 anti-A와 anti-B를 이미 가지고 있을까요? 나도 그 이유는 모른다고 대답했었지요. 정말 아무리 생각해도 이상한 일입니다. 정말 나로서는 풀 수 없는 수수께끼입니다. 우리 몸의 면역 시스템은 우리 몸에 들어온 침입자를 '만나야' 그것에 대한 항체를 만들 수 있을 텐데 한 번도 '만난 적이 없는' 항원에 대해서 항체를 만들어 가지고 있다니, 어떻게 그럴 수 있을까요? A형인 사람이 언제 B형 항원의 침입을 받았다고, 그리고 B형인 사람이 언제 A형 항원의 침입을 받았다고 anti-A 또는 anti-B를 만들어 놓았을까요? 혈액형이 다른 혈액을 수혈받은 적이 없는데…….

혹시 엄마에게서 물려받은 것은 아닐까요? 그것은 아닙니다. 엄마 피와 태아의 피는 서로 섞이지 않기 때문입니다. 다만 태반을 통해 엄마와 아이 사이에 산소와 영양분과 노폐물을 주고받을 뿐입니다. 그런데 anti-A와 anti-B 항체는 덩치가 커서 태반을 통과하지 못합니다.

갓난아이는 스스로 항체를 만들 수 있게 될 때까지 엄마 배 속에서 공급받았던 덩치 작은 항체(IgG)와 모유를 통해 공급받는 항체(IgA)를 가지고 이 세상의 온갖 미생물에 대항합니다. 그러다가 3~4개월이 지나면 비로소 스스로 모든 항체들을 만들 수 있게 됩니다.

한국에서는 아이가 태어나면 대문에 금줄을 치고 백일 잔치를 치르기 전까지는 외부인과의 접촉을 피했다고 하는데, 이는 한국인의 조상들이 얼마나 지혜로웠는지를 보여 주는 좋은 예입니다. 그들은 백일이 지나야 비로소 면역 시스템이 작동하기 시작한다는 사실을 알고 있었던 모양입니다.

우주의 한 모퉁이 푸른 별 지구에서 새 생명체로 태어나 세균이 와글거리는 험난한 세상 속에서 살아남기 위해 면역 시스템을 스스로 가동시키기 시작하는 것입니다.

백일이 지난 아이들은 주변의 물건들을 마구 입에다 넣으려 합니다. 왜 그럴까요? 아마도 주변의 세균들에 대해 항체를 미리 만들어 두려고 본능적으로 그렇게 하는 것 같아요. 주변 세균들이 가지고 있는 항원에 대해 미리 공부하는 것이지요.

anti-A와 anti-B 항체도 이때부터 만들어지기 시작합니다. 이 세상을 살아가면서 A형 또는 B형 항원을 만나게 된다는 것을 의미합니다. 그렇다면 언제, 어떻게, A형 또는 B형 항원이 우리 몸에 침입하였단 말인가요?

이 수수께끼를 풀기 위해 도전한 사람들이 있습니다. 그 이야기는 내일 해 줄게요.

만화로 본문 읽기

선생님, 그런데 학교에서 항원과 항체라는 말을 들었는데 무슨 뜻이에요?
우선 면역 시스템에 관해서 알아야 합니다. 우리 몸이 건강할 수 있는 건 바로 백혈구로 구성된 면역 시스템이 지켜 주고 있기 때문이지요.
면역 시스템이요?
면역 시스템은 우리 몸에 들어와서 병을 일으키는 침입자들을 공격하지요. 면역 시스템의 공격 방법 중 하나가 바로 항체를 만드는 일인데, 항체를 만들게 하는 물질이 바로 항원이죠. 즉, 그것이 무엇이든 항체를 만들게 하는 원인으로 작용하면 모두 항원인 것이죠.
침입자
항원
면역 시스템
항체
세균 표면에도 항원이 있고, 적혈구 표면에 있는 혈액형도 항원입니다. 이런 항원들이 면역 시스템을 작동시켜 그 항원을 가진 침입자를 무찌를 수 있는 항체를 만들고, 그 항체는 침입자 항원에 달라붙어 침입자를 없애는 일을 해요.
그럼 그 항체들은 따로 이름이 있나요?
물론 이름이 있죠. 게다가 이름이 아주 쉽답니다. 그냥 항원 이름 앞에 'anti-(안티-)'라는 말을 붙이면 되지요. 예를 들어 A형 항원에 대한 항체는 'anti-A'이고, B형 항원에 대한 항체는 'anti-B'이죠.
A형에 대한 항체 → anti A
B형 대한 항체 → anti B
Rh에 대한 항체 → ?
이름은 Anti-Rh겠네요.
맞아요. 그래서 anti-A는 A와 만나 달라붙고, anti-B는 B와 만나 달라붙지요. 그리고 항체가 항원을 만나 달라붙으면 그 항원을 가진 침입자는 파괴되거나 제거되죠. 또 B형 간염 예방 접종을 하면 anti-HBsAg가 만들어져 B형 간염 바이러스를 공격하여 죽이게 되죠.
Anti A
Anti B
그래서 예방 효과가 나타나는 것이군요.
아~, 그 때문에 A형인 사람이 B형인 사람의 피를 수혈받으면 안 되는 거로군요.
후후, 맞아요. 이제 혈액형에 대해서 좀 알겠죠?

여섯 번째 수업

6

혈액형의 정체

왜 장기 이식을 할 때도 혈액형을 맞추어 주어야 할까요?
ABO식 혈액형 외에 다른 혈액형도 있는지 알아봅시다.

6

여섯 번째 수업

혈액형의 정체

교.과.연.계.		
	초등 과학 6-1	3. 우리 몸의 생김새
	중등 과학 3	8. 유전과 진화
	고등 생물 1	3. 순환

란트슈타이너가
실험실로 들어와 활짝 웃으며
여섯 번째 수업을 시작했다.

세균도 ABO 항원을 가지고 있어요

오늘은 혈액형의 정체가 무엇인지 더 깊이 탐구해 보도록 하지요.

1959년 미국의 펜실베이니아 대학과 월터리드 연구소의 연구팀이 함께 지혜를 모아 ABO식 혈액형 항체(anti-A, anti-B)의 수수께끼를 풀기 위해 도전했습니다. 혈액형 항체가 어떤 경우에 생기는지 알아보기 위해 다음과 같이 병아리를 가

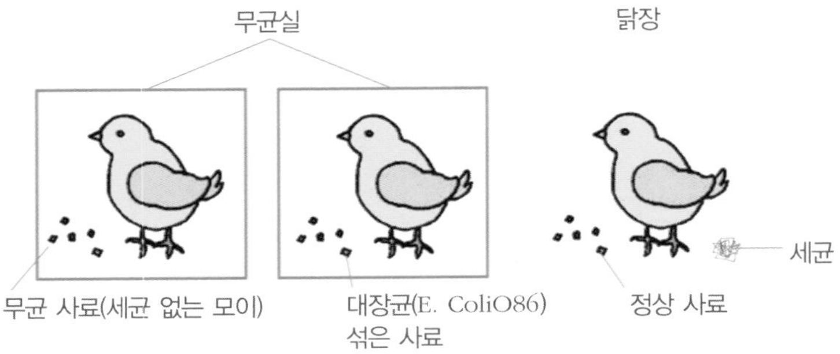

지고 실험했지요.

무균실(세균이 전혀 없는 방)에서 무균 사료를 먹인 병아리와 무균실에서 대장균을 섞은 사료를 먹인 병아리, 그리고 일반 환경(닭장)에서 정상 사료를 먹인 병아리를 길러 닭으로 키운 다음, 그 닭들로부터 피를 뽑아 ABO 항체가 생겼는지 비교해 보았습니다.

결과는 놀랍게도 무균실에서 무균 사료를 먹인 닭에게는 혈액형 항체가 생기지 않았고, 무균실에서 대장균을 묻힌 사료를 먹인 닭과 일반 환경에서 정상적인 사료를 먹인 닭에게는 ABO 항체가 생겼던 것입니다.

이 결과는 무엇을 의미할까요? 일반 환경 속에도 그리고 심지어는 대장균에도 A형 또는 B형 혈액형 항원이 존재한다는 뜻이지요.

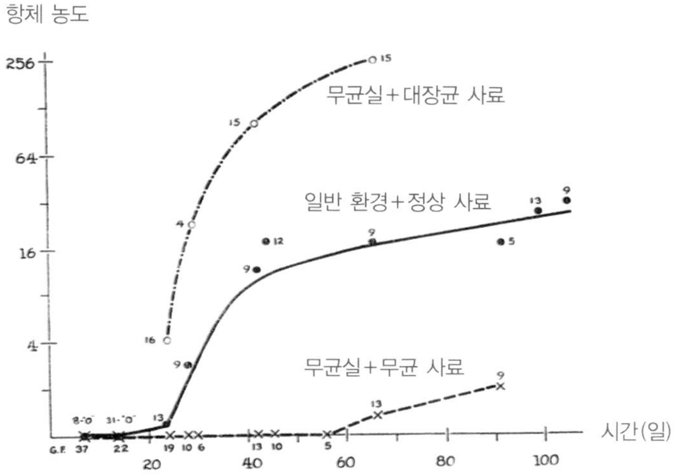

환경에 따른 ABO 항체 생성

믿기 어렵겠지만 사실입니다. 놀랍지요?

세균들도 ABO 항원을 가지고 있어요! 그래서 이 세상에 태어나서 자라는 동안 우리도 모르는 사이에 ABO 항원을 가진 세균의 침입을 받아 ABO 항체, 즉 anti-A 또는 anti-B 항체가 생기는 거예요.

우리의 면역 시스템은 자신이 가지고 있는 항원에 대해 항체를 만들지 않아요. 그래서 A형에게는 anti-B 항체만 생기고 anti-A 항체는 생기지 않는 것입니다. 만약 A형에게 anti-A가 생기면 자신이 가지고 있는 A형 항원을 파괴하겠죠?

세균도 A형 또는 B형 항원을 가지고 있다는데, 그렇다면 A형 또는 B형 혈액형 항원의 정체는 무엇일까요? 혈액형의 정체가 무엇이기에 적혈구만 가지고 있는 줄 알았던 A형 또는 B형 혈액형 항원을 세균도 가지고 있을까요?

ABO식 혈액형은 당사슬로 이루어졌어요

ABO식 혈액형은 탄수화물의 일종인 당사슬(sugar chain)로 이루어져 있습니다. 세포 표면에 존재하는 수많은 당사슬 속에 바로 ABO식 혈액형이 있는 거예요! 당사슬은 당분으로 이루어진 사슬입니다.

글루코오스(포도당) — 갈락토스 — 엔아세틸 글루코사민 — 갈락토스 — 푸코오스……. 이렇게 당(sugar)들이 연결해서 H 사슬을 만들고 H 사슬 끝에 엔아세틸 갈락토사민이 붙으면 A형이 되고, 갈락토오스가 붙으면 B형이 되며, 아무것도 안 붙으면 O형이 되지요. AB형은 A형과 B형이 섞여 있는 모습이고요.

다음 그림을 보세요. 구조가 서로 비슷하지요? 끝 부분만 달라요.

신기하게도 세균도 이런 것을 가지고 있어요. 세균의 표면에도 수많은 당사슬이 있는데 그 당사슬 중에서 그림과 똑같은 모양을 하고 있는 것이 얼마든지 있을 수 있습니다. 그래서 세균들도 ABO식 혈액형을 가질 수 있는 거지요.

혈액형 항원의 분자 구조

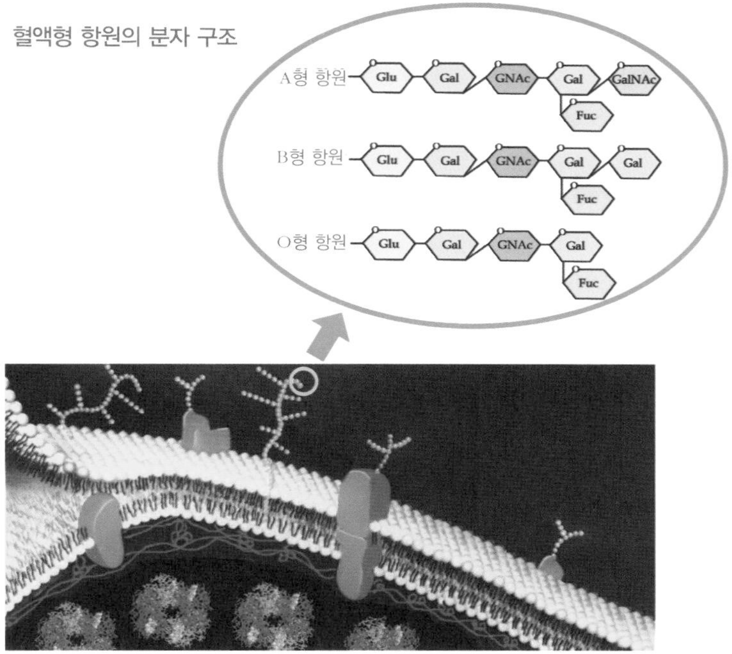

장기들도 ABO식 혈액형이 있어요

놀라운 이야기를 하나 더 할게요. 여러분이 살고 있는 21세기에는 의학이 발전해서 장기를 이식하는 치료를 하고 있습니다. 신장(콩팥), 심장, 간 등의 장기가 병들면 생명을 잃을 수도 있는데, 장기 이식이란 이런 환자들을 살리기 위해 병든 장기를 떼어 내고 다른 사람의 건강한 장기를 이식하는 수술을 말해요. 이때도 ABO식 혈액형을 맞춰야 합니다! 놀랍죠?

왜 장기 이식을 할 때도 혈액형을 맞춰야 할까요? 혈액형이 다른 장기를 이식하면 '이미' 존재하고 있던 혈액형 항체(anti-A 또는 anti-B)에 의해 이식된 장기가 공격을 당해 파괴되기 때문입니다. 이것을 이식 거부 반응이라고 해요.

그런데 왜 ABO 항체가 이식된 장기를 공격할까요? 그 이유는 우리 몸의 장기들도 ABO식 혈액형을 가지고 있기 때문입니다! 심지어 혈장 속에도, 그리고 입 안의 침, 위장 속의 분비물에도 ABO식 혈액형이 존재해요.

만약 A형인 환자에게 B형의 신장을 이식하면 어떻게 될까요? 혈액형이 맞지 않는 적혈구를 수혈할 때와 마찬가지로, 환자가 '이미' 가지고 있는 anti-B 항체에 의해 이식된 B형 신장이 공격을 받아 거부 반응이 일어나게 됩니다. 그래서

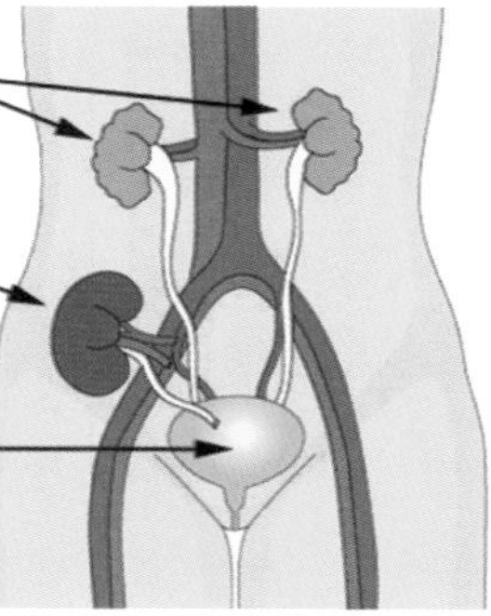

장기 이식을 할 때도 수혈할 때처럼 반드시 ABO식 혈액형을 맞춰야 하는 것입니다.

여러분, ABO식 혈액형을 공부해 보니 재미있지요? 그런데 내가 왜 자꾸 그냥 '혈액형'이라고 하지 않고 'ABO식 혈액형'이라고 하는지 아세요? 적혈구에는 A형, B형, O형, AB형으로 구성된 ABO식 혈액형만 있는 것이 아니에요. 다른 혈액형도 있어요. 한두 가지가 아니라 수백 가지나 된답니다.

만화로 본문 읽기

다행히 환자의 장기 이식이 성공적으로 끝났습니다.
선생님 신장, 심장, 간 등의 장기 이식을 할 때도 혈액형이 중요한가요?
물론이죠. 장기의 이식 거부 반응을 예방하기 위해서 ABO 혈액형을 꼭 맞춰야 하지요.
그런데 이식 거부 반응은 뭔가요?
병든 신장
이식한 신장
혈액형이 다른 장기를 이식하면 이미 존재하고 있던 혈액형 항체에 의해 이식된 장기가 공격을 당해 파괴되는 것이지요.
그런데 왜 ABO 항체가 이식된 장기를 공격하나요?
혈액형 항체들
우리랑 다르잖아!
이식된 장기
우리 몸의 장기들도 ABO 혈액형을 가지고 있기 때문이지요. 심지어 혈장 속, 입안의 침, 위장 속의 분비물에도 ABO 혈액형이 존재해요.
그래서 ABO 혈액형을 맞춰야 하는군요.
우린 모두 같은 혈액형이라고!
맞아요. 만약 A형 환자에게 B형 신장을 이식하면, anti-B 항체에 의해 이식된 B형 신장이 공격을 받아 거부 반응이 일어나지요.
그런데 선생님 왜 '혈액형'이라고 하지 않고 'ABO식 혈액형'이라고 하세요?
anti-B 항체
B형 신장
적혈구에는 A형, B형, O형, AB형으로 구성된 ABO 혈액형만 있는 것이 아니라 다른 혈액형도 수백 가지나 있기 때문이에요.
헉, 저는 이제까지 혈액형이 4가지만 있는 줄 알았어요.
ABO
Duffy
Xg
Rh
Kidd
Hh
Hd
MNS
Lewis
Diego
Kell

일곱 번째 수업

7

수많은 **혈액형들**

현재까지 발견된 혈액형의 종류는 얼마나 될까요?
백혈구나 혈소판에도 혈액형이 있는지 알아봅시다.

7

일곱 번째 수업

수많은 혈액형들

교.
과.
연.
계.

초등 과학 6-1 3. 우리 몸의 생김새
중등 과학 3 8. 유전과 진화
고등 생물 1 3. 순환

란트슈타이너의 일곱 번째 수업은 뉴욕에서 진행되었다.

여러분, 이제 우리는 1940년의 미국 뉴욕으로 시간 여행을 떠납니다. 자, 모두 눈을 감으세요. 그리고 두 손바닥을 펴고 날갯짓을 해 보세요. 자, 출발! ·········1901·········1902·········1903 ···1938·········1939·········1940 ······.

쉿, 조용히 하세요. 이제 눈을 뜨세요. 여기는 뉴욕의 맨해튼입니다. 시계를 보세요. 1940년 7월 1일 오후 1시 정각입니다. 엠파이어스테이트 빌딩이 하늘 높이 솟아 있는 게 보이지요? 이 빌딩은 1931년에 완공되었답니다. 102층이고 높이가 381m라고 해요. 정말 높지요?

란트슈타이너 박사님은 54세가 되던 1922년 식구들과 함께 증기선을 타고 대서양을 건너 맨해튼으로 이민 오셨습니다. 수많은 높은 빌딩들이 모여 있고 수많은 사람들이 바쁘게 오가는 맨해튼에서 박사님은 푸줏간(정육점) 위층에 초라한 작은 방을 얻었습니다.

박사님은 낯선 사람들, 새로운 언어, 바뀐 생활 속에서 어렵게 적응하기 시작했습니다. 새로운 일터인 록펠러 의학 연구소에서 연구를 시작했습니다. 조용한 것을 좋아하며 엄격하고 조금 차가운 성격이었지만, 최선을 다해 연구하고 젊은 과학자들을 친절하게 가르쳤습니다. 연구소 사람들도 박사님을 좋아했습니다.

미국 시민권을 얻은 다음 해인 1930년 박사님이 노벨상 수상자로 결정되었다는 소식을 듣고 신문 기자들이 와글와글 몰려와서 인터뷰를 요청하자 깜짝 놀라면서, "저는 아무것도 한 일이 없습니다. 그냥 열심히 연구만 했을 뿐입니다."라고 말했다고 합니다.

자, 이제 박사님을 만나러 연구실로 들어가 보지요. 그런데 걱정이 있어요. 박사님이 우리를 기억하실까요? 40년이 지났는데……. 지금 박사님 나이는 72세나 되셨어요. 아, 마침 박사님이 안에 계시네요.

학생들이 란트슈타이너 박사 앞에 나타나자, 그는 깜짝 놀랐다. 그러고는 아주 먼 옛날의 기억을 떠올리는 듯 잠시 허공을 바라보았다. 얼굴에는 주름살이 많이 잡혀 있었고 콧수염까지 하얗게 변해 완전히 할아버지의 모습이었다. 그러나 그의 깊고 빛나는 눈동자는 여전히 위대한 과학자의 기품을 보여 주고 있다. 란트슈타이너 박사는 이제 모든 것을 알았다는 듯 이야기를 시작했다.

허허, 생각나네요. 내가 한참 젊었을 때 빈에서 여러분을 만났었지요. 그때 내가 혈액형에 대해서 이야기했던 것 같은데……, 그때 무슨 이야기를 해 주었나요?

__수혈의 역사와 박사님께서 ABO식 혈액형을 발견하신 이야기, 그리고 항원과 항체 이야기를 하셨어요. 마지막으로, 적혈구에는 ABO식 혈액형만 있는 것이 아니라 수많은 다른 혈액형이 있다는 이야기도 하셨어요.

허허, 그렇군요. 그럼 40년 전의 이야기에 이어서 계속하지요. 내가 ABO식 혈액형을 발견한 이후 얼마쯤 지나자 전 세계의 많은 의사들이 안전하게 수혈을 할 수 있게 되었지요. 수혈로 수많은 생명들을 살릴 수 있게 되었던 거지요. 저는 자부심과 보람을 느꼈습니다.

그런데 알 수 없는 일이 가끔씩 생기는 거예요. 분명히 ABO식 혈액형을 맞춰서 수혈했는데, 이상하게도 수혈 부작용이 생기는 경우가 있는 거예요.

수혈 때 맞춰야 하는 Rh식 혈액형

1939년 작년의 일이었습니다. 이곳 뉴욕의 벨뷰 병원에서 어떤 여성이 죽은 아이를 낳았고 남편의 혈액을 수혈받은 후 심한 용혈성 수혈 부작용이 생겼습니다. 아무도 그 이유를 몰랐어요. 당시 나는 공식적으로 은퇴한 상태였는데, 실험실에서 연구하는 게 좋아서 계속 여기서 실험하고 있었지요.

나는 위너 박사와 함께 올해 초에 붉은털원숭이의 적혈구를 토끼에게 주사하면 어떤 항체가 만들어지는지 실험을 했어요. 만들어진 항체는 놀랍게도 붉은털원숭이의 적혈구뿐만 아니라 사람의 적혈구도 응집시키는 것이었습니다. 그런데 모두 다는 아니었지요. 그 혈청은 일부 사람의 적혈구만 응집시켰어요. 붉은털원숭이의 적혈구 항원이 토끼의 면역 시스템을 자극해서 우리가 지금까지 모르던 새로운 항체를 만들었던 것입니다.

우리는 붉은털원숭이의 영어 이름 'Rhesus Monkey'의 첫 두 글자를 따서 그 새로운 항체를 anti-Rh 항체라고 불렀어요. 그리고 anti-Rh 항체와 반응하여 응집이 일어나면 Rh 항원을 가지고 있는 경우이므로 'Rh^+형'으로 판정하였고, 응집이 일어나지 않으면 Rh 항원이 없는 경우이므로 'Rh^-형'으로 판정하였습니다. 우리는 Rh라는 새로운 혈액형을 발견했던 겁니다. 바로 얼마 전예요.

나는 문득 지난해에 벨뷰 병원에서 일어난 사건이 떠올랐습니다. 죽은 아이를 낳은 그 여성은 혈액형이 O형이었는데 출혈이 심해서 수혈이 필요했지요. 마침 남편의 혈액형도 O형이라서 남편의 혈액을 그 여성에게 수혈했어요. 그런데 10분쯤 지나자 심한 수혈 부작용이 생겼던 거예요. 아이가 왜 배 속에서 죽었고, 혈액형이 같은 남편의 혈액을 수혈받은 후 그 여성은 왜 그런 심한 수혈 부작용이 생겼을까요?

나는 그 불행한 산모와 남편의 적혈구를 anti-Rh 항체와 반응시켜 보았어요. 그랬더니 산모의 적혈구와는 응집이 일어나지 않았고, 남편의 적혈구와는 응집이 일어났어요. 즉, 산모는 Rh^-형이었고, 남편은 Rh^+형이었던 거예요!

우리는 드디어 왜 그런 끔찍한 일이 일어났는지 원인을 밝힐 수 있었던 거지요.

① Rh^-형인 산모는 Rh^+형인 아이를 임신했는데, Rh^+ 항원을 가진 아이의 혈액이 엄마에게 들어가

② 엄마의 면역 시스템을 자극해서

③ anti-Rh 항체를 만들었고,

④ 다시 Rh^+형인 아이를 임신한 경우, anti-Rh 항체가 태반을 통해 아이의 몸속으로 들어가 적혈구를 용혈시켜 태아가 죽게 되었다.

그리고 Rh^+형인 남편의 적혈구를 그 여성에게 수혈했을 때도 그 여성이 가지고 있던 anti-Rh 항체에 의해 모두 용혈되어 심한 수혈 부작용이 생겼던 거지요. 이제는 여러분도 이해되지요?

엄마가 가진 항체에 의해 태아의 적혈구가 용혈되어 생기는 병을 '태아 · 신생아 용혈성 질환'이라고 합니다. 아이에게

빈혈과 황달이 생기고 아주 심하면 사망할 수 있는 병이에요.

학생들은 란트슈타이너 박사의 또 다른 위대한 발견에 대한 이야기를 듣고 너무 감동했는지 박수를 쳤다. 그는 조금 부끄러운지 쑥스러워하면서 창밖으로 눈을 돌렸다. 창문 너머에는 엠파이어스테이트 빌딩이 높이 솟아 있었다. 란트슈타이너 박사님은 계속해서 이야기했다.

Rh식 혈액형은 내가 발견한 마지막 혈액형이었어요. 사실 그동안 나는 ABO식 혈액형 이외에도 MN식 혈액형과 P식 혈액형을 더 발견했었지요. 이후 내가 죽고 난 다음에도 수많은 혈액형들이 다른 과학자들에 의해 발견되었어요.

그중 몇 가지를 들면 루이스(Lewis), 더피(Duffy), 키드(Kidd), 켈(Kell), 디에고(Diego) 등이에요. 이렇게 많은 혈액형 항원들이 어떻게 발견되었을까요? 그리고 이것들은 어떤 의미를 가지고 있을까요?

1950년 영국의 한 병원에서 일어난 일입니다. 수혈을 받았던 환자에게서 갑자기 용혈성 수혈 부작용이 나타났어요. 분명히 ABO식과 Rh식 혈액형이 일치하는 혈액이 수혈되었는데도 용혈성 수혈 부작용이 발생했던 것입니다. 그 환자의 이름은 더피(Mr. Duffy)였어요.

원인을 밝히기 위해 연구해 본 결과, 환자의 혈액 속에는 지금까지 알려지지 않았던 항체가 존재하고 있음이 확인되었어요. 그 항체는 환자의 이름을 따서 anti-Duffy 항체라고 불립니다. 그리고 그 항체와 반응하는 항원이 적혈구에 존재한다는 사실이 밝혀졌지요. 이렇게 해서 Duffy 혈액형 항원을 발견하게 되었던 것이에요.

더피에게 왜 수혈 부작용이 발생하였는지 이제 여러분도 알 수 있겠지요? 그는 원래 더피 혈액형 항원을 가지고 있지 않았는데 그전에 받았던 수혈에 의해 더피 혈액형 항원을 가진 적혈구가 몸에 들어오자 anti-Duffy 항체를 만들게 되었지요. 그러다 그날 더피 혈액형 항원을 가진 적혈구가 수혈되어 anti-Duffy 항체가 더피 항원을 가진 적혈구를 용혈시켜 수혈 부작용이 나타난 거예요.

어때요? 원리는 Rh식 혈액형과 비슷하지요? 다른 혈액형 항원들도 이런 비슷한 과정을 겪으면서 발견되었고 혈액형의 이름은 알파벳 순으로 붙이거나 처음으로 문제가 되었던 환자의 이름을 따서 지었어요.

수백 가지나 되는 혈액형

하나 더 이야기할까요? 이번엔 디에고라는 혈액형에 대한 일화입니다. 1954년 베네수엘라의 디에고라는 이름을 가진 집안에서 한 아이가 태어났는데, 그 아이는 불행히도 태아 · 신생아 용혈성 질환에 걸려 심한 빈혈과 황달로 고생해야 했습니다.

먼저 이야기했듯이 태아 · 신생아 용혈성 질환은 엄마의 항체가 태아에게로 넘어가서 태아의 적혈구가 용혈되는 병이에요. 연구 결과, 엄마에게는 없고 아이의 적혈구에 있던 항원(디에고 항원)이 첫 아이의 유산이나 출산 후에 엄마의 혈액 속으로 들어가, 엄마의 면역 시스템에 의해 anti-Diego 항체가 만들어졌고, 그 항체가 태반을 통해 둘째 아이에게로 넘어가서 디에고 항원을 가진 아이의 적혈구가 용혈되었던 것이라는 사실을 밝혀내게 되었지요.

디에고 항원은 몽골의 피가 섞인 아시아인과 미국 인디언에게서 주로 발견되고, 백인이나 흑인에게는 없는 것으로 알려져 있어 흥미롭습니다. 한국 사람의 약 10%가 디에고 혈액형을 가지고 있다고 해요.

란트슈타이너 박사는 우리에게 종이를 한 장 꺼내 보이면서 계속해서 이야기했다. 그 종이에는 표가 그려져 있는데 수많은 혈액형이 깨알같이 적혀 있었다.

여러분, 오른쪽의 표는 현재까지 발견된 혈액형을 요약한 것입니다. 모두 합치면 수백 가지나 됩니다.

이 표에는 없지만 희귀한 혈액형도 있어요. ABO식 혈액형 중에도 cis-AB를 비롯해서 항원이 약하게(weak) 표현된 희귀 혈액형(A2, A3, Am, Ax, Ael, B3, Bm, Bx, Bel)이 있지요. 아주 약한 A형 또는 B형은 O형으로 판정될 수 있으니까 혈액형 정밀 검사를 받아 보아야 정확한 혈액형을 알 수 있어요. 그리고 서양 사람들에게 Rh^-형은 15%나 되지만, 한국을 비롯한 동양 사람들에게는 0.1~0.3%로 희귀해요.

이외에도 희귀 혈액형의 종류는 많아요. M^kM^k와 얼마 전 매스컴에서 소개한 바디바바디바(-D-/-D-) 혈액형과 밀텐버거 혈액형 등도 희귀한 혈액형의 일종이지요.

여러분, 사실 적혈구뿐만 아니라 백혈구나 혈소판에도 혈액형이 있다는 사실을 아세요? 이들도 적혈구처럼 백혈구 또는 혈소판 표면의 여러 구조물들이 혈액형 항원으로 작용하

혈액형 이름 및 혈액형 항원 예

혈액형 이름	발견 연도	항원 수	혈액형 항원 예
ABO	1901	4	A, B, O, AB
MNSS	1926	37	M, N, S, s, U
P	1926	1	P1, P2, Pk
Rh	1939	45	D, C, c, E, e
LW	1940	3	LW^a, LW^b
Lutheran	1945	18	Lu^a, Lu^b
Kell	1946	21	K, k, Kp^a, Kp^b, Js^a,Ja^b
Lewis	1946	3	Le^a, Le^b
Duffy	1950	6	Fy^a, Fy^b
Kidd	1951	3	Jk^a, Jk^b
Hh	1952	1	H
Diego	1955	6	Di^a, Di^b
Cartwright	1956	2	Yt^a, Yt^b
Xg	1962	1	Xg^a
Scianna	1962	3	Sc1, Sc2
Dombrock	1965	5	Do^a, Do^b
Colton	1967	3	Co^a, Co^b
Ch/Rg	1967	9	Ch, Rg
Kx	1975	1	Kx
Gerbich	1960	7	Ge2, Ge3, Ge4
Cromer	1965	10	Cr^a, Tc^a, Tc^b, Tc^c, Dr^a
Knops	1970	5	Kn^a, Kn^b, McC^a, McC^b
Indian	1973	2	In^a, In^b

여 수많은 혈액형을 만들지요.

__박사님, 그렇게 많은 혈액형에 대해서 꼭 알아야 하나요?

물론이죠. 안전한 수혈을 위해 꼭 필요합니다. 용혈성 수혈 부작용이 생기지 않도록 해야 하니까요.

수혈을 하려면 혈액을 주는 사람과 수혈받을 환자의 혈액형을 검사해야 하는데, 이때는 ABO식 혈액형과 Rh식 혈액형을 검사합니다. 제일 중요한 혈액형이니까요. 그래서 그 수많은 혈액형 중에서 ABO식 혈액형과 Rh식 혈액형이 유명한 것이에요.

그리고 혈액형은 부모로부터 '멘델의 법칙'으로 유전되니까 어떤 아이의 진짜 부모가 누구인지를 알아보는 '친자 감별'에도 사용됩니다. 또한 살해당한 사람의 옷에 묻은 피를 가지고 누가 살인범인지 조사할 때도 혈액형 검사가 도움이 되므로 '범죄 수사'에도 쓰인답니다. 현대에는 DNA 검사를 통해 더 정확하게 범죄 수사를 할 수 있게 되었지만요.

오늘 강의가 좀 길었지요? 아주 오랜만에 만나게 되어서 그런지 할 이야기가 많았어요. 오늘은 여기서 끝낼게요. 내일 다시 만나기로 하지요.

만화로 본문 읽기

선생님은 ABO 혈액형만 발견하셨나요?
그동안 나는 ABO 혈액형 이외에도 MN식 혈액형과 P식 혈액형을 더 발견했고, Rh 혈액형은 내가 발견한 마지막 혈액형이지요.
선생님의 발견 이후에도 다른 과학자들에 의해 발견된 혈액형이 있나요?
물론이죠. 그중 몇 가지를 들면 루이스(Lewis), 더피(Duffy), 키드(Kidd), 켈(Kell), 디에고(Diego) 등이 있어요.
루이스(Lewis)
더피(Duffy)
키드(Kidd)
켈(Kell)
디에고(Diego)
그렇게 많은 혈액형 항원들은 어떻게 발견되었나요?
더피 혈액형 항원을 발견하게 된 이야기를 해 줄게요. 1950년 영국의 한 병원에서 수혈을 받았던 환자에게 갑자기 용혈성 수혈 부작용이 나타났어요.
분명 ABO와 Rh 혈액형이 일치하는 혈액이 수혈되었는데도 용혈성 수혈 부작용이 발생했던 것이지요.
혈액형을 맞췄는데 왜 이러지?
원인이 무엇이었나요?
연구 결과, 환자의 혈액 속에 알려지지 않은 항체가 존재하고 있음이 확인되었지요. 그리고 그 항체와 반응하는 항원이 적혈구에 존재한다는 사실이 밝혀졌어요.
지금까지 알려지지 않았던 항체가 존재하고 있잖아.
그렇군요.
그래서 그 항체는 환자의 이름을 따서 'anti-Duffy' 항체라고 불렀어요. 이렇게 해서 더피 혈액형 항원을 발견하게 된 거예요.
다른 혈액형 항원들도 원리는 Rh 혈액형과 비슷하네요.

여덟 번째 수업

8

혈액은행의 탄생

혈액을 응고되지 않은 상태로 보관하는 방법은 무엇일까요?
혈액 보관용 플라스틱 백의 발명에 대해 알아봅시다.

8

여덟 번째 수업

혈액은행의 탄생

교. 과. 연. 계.	초등 과학 6-1	3. 우리 몸의 생김새
	중등 과학 3	8. 유전과 진화
	고등 생물 1	3. 순환

란트슈타이너가
그동안 배운 내용을 정리하며
여덟 번째 수업을 시작했다.

1940년 7월 2일 록펠러 의학 연구소. 뉴욕에서 맞이하는 두 번째 아침이다. 창밖에서 사람들이 떠드는 소리, 마차 지나가는 소리, 더러 자동차 지나가는 소리도 들린다. 란트슈타이너 박사는 창문을 닫고 웃는 얼굴로 강의를 시작했다.

ABO식과 Rh식 혈액형만 맞춰서 수혈해요

17세기 초 하비에 의해 혈액이 심장을 통해 온몸을 순환한다는 사실을 알게 된 후, 17세기 후반에는 동물의 피를 사람에게 수혈하는 치료법이 처음으로 시도되었지요. 그러나 동물의 피를 수혈하는 것은 문제점이 많아 결국 150년간 수혈이 금지되었어요.

그러다 19세기 초에 사람의 혈액을 출혈이 심한 환자에게 혈관을 연결한 후 주입하는 직접 수혈 방법이 시도되었지요. 그러나 치명적인 수혈 부작용을 피할 수 없었는데, 당시에는 원인을 알 수 없었어요.

1900년에 들어서 내가 ABO식 혈액형을 발견할 수 있어서 ABO 항체(anti-A, anti-B)에 의한 용혈성 수혈 부작용을 예방할 수 있게 되었지요. 이후 혈청학의 발전에 힘입어 MNSs, P, Rh, 루터린(Lutheran), 켈, 루이스, 더피, 키드 등 280개 이상의 적혈구 항원들을 찾아낼 수 있었어요.

그리고 20세기 후반에는 분자 생물학의 발전 덕분에 혈액형 항원을 나타내는 적혈구 단백질들과 당사슬이 어떤 구조와 기능을 가지고 있는지를 하나하나 밝혀 나갈 수 있게 되었지요.

__박사님, 혈액형이 수백 가지나 되는데도 수혈할 때는 ABO식 혈액형과 Rh식 혈액형만 맞춘다고 말씀하셨잖아요, 왜 그래요?

허허, 참 좋은 질문을 했어요. 수혈할 때는 ABO식 혈액형과 Rh식 혈액형만 맞춥니다. 왜냐하면 적혈구들은 정말 '고맙게도' ABO식과 Rh식 혈액형 이외의 적혈구 항원들은 수혈된 후 항체를 잘 만들지 않아서 별로 문제 되지 않기 때문이에요.

그러나 드물긴 하지만 어떤 경우에, 어떤 환자에게서 예측할 수 없게 ABO식과 Rh식 혈액형 이외의 적혈구 항원들에 대한 항체가 만들어지는데, 그런 항체를 '비예기 항체(unexpected antibody)'라고 부른답니다.

그래서 ABO식 혈액형과 Rh식 혈액형만 맞추고, 나머지 수많은 혈액형을 맞추는 대신, 비예기 항체 검사를 하고 교차 시험을 하지요. 교차 시험이란 수혈될 적혈구와 반응할 수 있는 항체를 환자가 이미 가지고 있는지 수혈 전에 미리 검사하는 것을 말합니다.

헌혈받은 혈액을 잘 보관하고, 수혈이 필요할 때 ABO식과 Rh식 혈액형을 맞추며, 비예기 항체 검사와 교차 시험을 해서 수혈 부작용이 일어나지 않는 안전한 혈액을 찾는 일은 대단히 중요한 일입니다. 그런 일을 하는 곳이 바로 '혈액은행(blood bank)'이지요.

사실 혈액은행이 생기기까지는 여러 가지 우여곡절이 많았습니다. 오늘은 그 이야기를 해 줄게요.

사람의 혈액을 사람에게 수혈하기 시작했을 때, 어떻게 했는지 기억나요? 네, 맞아요. 혈액을 주는 사람과 환자의 혈관을 서로 연결하는 어려운 수술을 해야 했지요. 피를 미리 뽑아서 보관하고 있다가 수혈이 필요할 때 환자에게 줄 수 있다면 얼마나 좋겠습니까? 왜 그렇게 못하고 직접 혈관을 연결해서 수혈할 수밖에 없었는지 아세요?

피를 뽑은 후 보관할 수 없었기 때문이에요. 피는 몸 밖으로 나오면 굳어(응고) 버리기 때문이지요. 응고된 피는 수혈할 수 없으니까, 할 수 없이 응고되기 전에 재빨리 수혈해야 했고, 그러기 위해서는 불가피하게 서로의 혈관을 연결하는 수술을 해야 했습니다.

그래서 피가 응고되지 않게 하는 방법을 찾고자 많은 사람들이 도전했습니다. 그러다 1914년에 드디어 구연산(citrate)이라는 화학 물질이 항응고(혈액이 응고되지 않게 하는) 효과가 있다는 사실을 발견하게 되었지요. 이것을 혈액에 섞어 주면 신기하게도 피가 굳지 않는 거예요.

그다음에는 혈액을 오랫동안 보존할 수 있는 방법을 찾기 위해 노력했지요. 몸 밖으로 나온 적혈구가 굶어 죽지 않게 하려면 영양분을 주어야겠지요? 그래서 적혈구에 필요한 영양분인 포도당을 항응고제(citrate)와 섞어서 '항응고 보존제'를 만드는 데 성공할 수 있었어요.

항응고 보존제는 제1차 세계 대전의 전쟁터에서부터 수혈용 혈액을 보관하는 데 실제로 이용되었답니다. 이후 항응고 보존제는 점점 더 발전하였고, 이제는 적혈구를 무려 35일 동안이나 보존할 수 있게 된 것입니다.

그 덕분에 이제는 혈액을 주는 사람과 수혈받을 환자가 같은 시간 같은 장소에서 서로 혈관이 연결된 채 있지 않아도 되었지요. 혈액 제공자로부터 얻어 낸 혈액을 항응고 보존제와 섞어서 냉장고에 보관하고 있다가 수혈이 필요한 환자에게 주면 되니까요.

그래서 혈액을 보관할 수 있는 장소가 필요하게 되었고 마침내 혈액은행이 탄생하게 되었지요.

여러분, 혹시 수혈용 혈액을 어디에 담아 두는지 아세요? 처음에는 유리병에 담아서 보관했어요. 그런데 혈액 보관용 유리병은 여간 불편한 것이 아니었어요. 무겁고 깨지기 쉬웠지요. 비싼 혈액병을 한 번 쓰고 버리긴 아까우니까 혈액을 수혈한 후에 다시 쓰기 위해 혈액병을 잘 씻어 내고 소독해야 했습니다.

또 소독이 제대로 되지 않아 세균 감염이 문제가 되기도 했지요. 게다가 유리병은 혈액 응고를 잘 일으키므로 항응고제를 사용해도 미세한 혈액 응고 덩어리가 생기는 경우가 허다했어요. 20세기 중반까지 수혈은 아직도 이런 많은 문제점을 안고 있어서 이래저래 만만한 일이 아니었습니다.

대부분의 의사들은 어쩔 수 없는 일로 받아들이고 유리병에 혈액을 받아 수혈하는 일에 익숙해졌어요. 분명히 문제가 있었는지만 해결 방법을 몰랐지요.

혈액 보관용 플라스틱 백

그러던 어느 날, 1942년 미국 보스턴의 어떤 병원에서 사건이 생겼습니다. 외과 레지던트였던 월터(Carl Walter)는 수술장에서 혈액병을 준비하다가 그만 떨어뜨려 산산조각을 냈던 거예요. 사실 자주 있던 일이었지요. 수술장 바닥은 온통 피로 범벅이 되고 깨진 유리 조각이 사방에 흩어졌어요. 그는 호되게 야단을 맞았습니다.

월터는 사고가 난 날, 혼났다고 기분 나빠한 것이 아니라 오히려 문제를 해결해야겠다고 마음먹었어요. 깨지지 않게

하는 방법은 없을까?

여러 가지 궁리 끝에 좋은 아이디어가 떠올랐습니다. 당시 미국의 듀폰이라는 회사가 가볍고 질긴 합성 섬유인 나일론을 만드는 데 성공했거든요. 1947년 추수감사절 휴가 동안에 월터는 드디어 혈액 보관용 플라스틱 백(bag)을 만들기 위한 작업을 시작했어요.

처음에는 실패도 많이 했고 고생도 많이 했지요. 그러다 얼마 후 옆집 아저씨였던 미스터 펜이 재정적인 도움을 줘서 벤처 회사를 창업할 수 있었고 드디어 혈액 보관용 플라스틱 백을 만드는 데 성공했어요.

이후 20년간 무려 1억 5,000만 개를 판매하는 대성공을 거

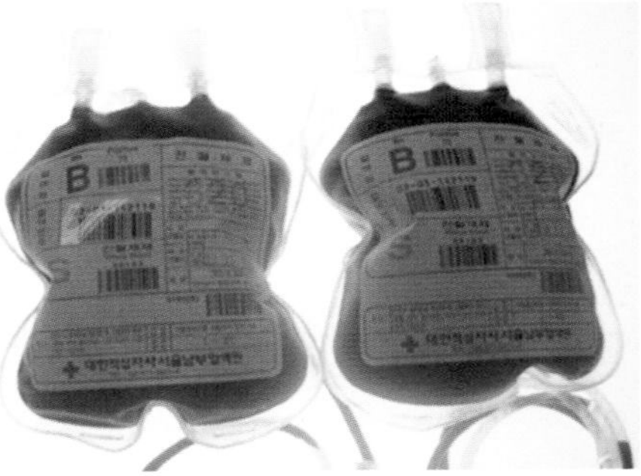

두었지요. 그 덕분에 그는 부자가 되었어요. 그리고 결과적으로 혈액은행의 발전에도 큰 공헌을 했어요.

가볍고 떨어뜨려도 깨지지 않고, 원심 분리를 해도 찢어지지 않을 만큼 질기며, 일회용으로 사용하므로 세균 오염의 가능성이 없는 플라스틱 혈액 백 덕분에 현대적인 수혈 방법인 '성분 수혈'이라는 찬란한 새 시대를 열 수 있게 된 것입니다.

혈액병을 쓰던 시절에는 혈액 제공자로부터 채혈한 혈액의 전부인 '전혈'을 그냥 쓸 수밖에 없었지만, 이제는 혈액 백을 원심 분리할 수 있게 되어 전혈 하나로부터 적혈구, 혈소판, 혈장 성분을 따로따로 분리해 낼 수 있게 되었습니다. 그리하여 적혈구가 필요한 환자에게는 적혈구 성분을, 혈소판이 필요한 환자에게는 혈소판 성분을, 그리고 혈장이 필요한 환자에게는 혈장 성분을 수혈하게 된 것입니다.

월터가 플라스틱 혈액 백을 발명한 것은 현대 수혈 의학 발전에 위대한 초석이 되었지요. 혈액병을 깨뜨려 야단맞은 일이 오히려 그에게는 행운의 여신이 힌트를 준 사건이 되었던 것입니다.

란트슈타이너 박사 앞에 앉아 있던 철수가 침을 꿀꺽 삼키며 말했다.

__박사님, 정말 감동적이네요. 저도 빨리 커서 새로운 것을 발견하고 또 발명도 해 볼래요!

좋은 결심이에요. 여러분들도 할 수 있어요. 여러분 주위에서 뭔가 불편한 것이 있거나 문제점이 있을 때는 그것이 바로 기회라고 생각하세요. 그리고 도전해 보세요. 그러려면 책도 많이 읽고 공부도 열심히 해야 합니다.

란트슈타이너 박사는 수업을 마쳤다. 안타깝지만 이것이 란트슈타이너 박사의 마지막 수업이었다. 란트슈타이너 박사는 학생들 모두와 일일이 악수하며 이별의 인사를 나누었다. 영희와 철수는 눈시울이 뜨거워졌다.

란트슈타이너의 초상이 담긴 지폐

여러분, 란트슈타이너 박사님의 강의 잘 들었죠?

란트슈타이너 박사님은 유대 인의 혈통을 가진 분이었어요. 그래서 독일의 히틀러가 제2차 세계 대전을 일으키고 유대 인을 모두 없애려고 광분할 때, 란트슈타이너 박사님은 미국에 살고 있으면서도 무척 두려워했다고 합니다.

만약 란트슈타이너 박사님이 미국으로 이민을 떠나지 않고 그대로 오스트리아에 있었다면 어떻게 되었을까요? 유대 인이라는 이유로 독일 군에게 체포되어 아우슈비츠 수용소로 보내져서 가스실에서 죽음을 당했을 수도 있겠지요. 얼마나 다행이에요. 만약 그랬더라면 ABO식 혈액형의 발견도 그와 함께 땅속에 묻혔을지도 몰라요.

1943년 6월 14일 란트슈타이너 박사님은 뉴욕에서 75세 생일을 맞았습니다. 여태까지 많은 어려움을 함께 이겨 내며 같이 늙어 온 아내와, 이제는 커서 의과 대학을 졸업하고 의사 일을 시작한 아들이 생일을 축하해 주었어요.

그리고 열흘 뒤, 그가 쓴 책의 마지막 수정본을 출판사로 보내고 나서 실험실에서 피펫을 들고 실험을 하다가 갑자기

A

B

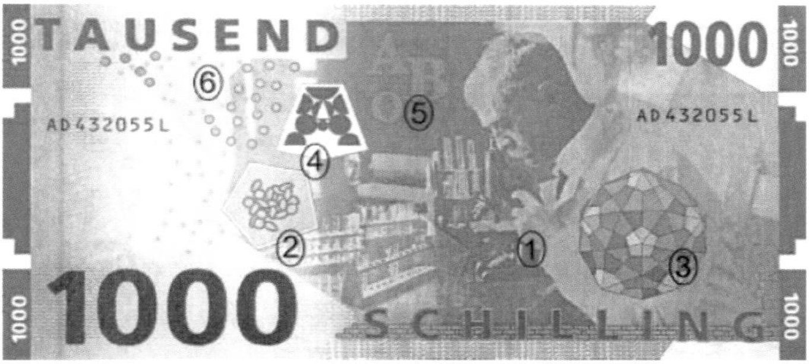

앞면(A):

란트슈타이너의 모습

뒷면(B):

① 란트슈타이너가 현미경을 보는 모습

② 란트슈타이너가 개발한 암시야(暗視野) 매독균 관찰법

③ 란트슈타이너가 연구한 소아마비 바이러스

④ 란트슈타이너가 생각한 항체의 모습

⑤ ABO식 혈액형

⑥ 적혈구

가슴을 움켜쥐고 쓰러졌습니다. 병원으로 옮겨진 지 이틀이 지난 후 란트슈타이너는 심장 발작으로 세상을 떠났습니다. 그해 크리스마스 날 아내도 그의 뒤를 따랐습니다.

란트슈타이너가 죽자 세계 곳곳에서 애도의 글이 신문에 실렸습니다. 그런데 오스트리아와 독일에서는 히틀러가 패망하기 전까지 란트슈타이너에 대해 전혀 아는 척을 하지 못했어요.

그러나 훗날 오스트리아는 란트슈타이너를 위대한 인물로 추대했습니다. 그의 모습과 업적을 담은 1,000실링짜리 오스트리아 지폐가 만들어졌습니다. 그 지폐는 2002년 1월 1일부터 유로(Euro)화로 바뀔 때까지 사용되었지요.

만화로 본문 읽기

마지막으로 혈액은행에 관해서 얘기 해 볼까요? 여러분은 병원에 가면 미리 준비된 혈액을 수혈받는 것을 당연하다고 여기고 있지만, 과거엔 꿈도 꿀 수 없는 일이었죠.
그래요? 왜죠? 사람들이 영희처럼 헌혈을 많이 안 해서 그랬나요?
혈액은행
뭐!
하하, 그건 아니고요. 과거엔 혈액을 주는 사람과 환자의 혈관을 서로 연결하여 수혈했어요. 피는 몸 밖으로 나오면 굳어 버리니까요. 다시 말해 피를 미리 뽑아서 보관할 수가 없었기 때문이에요.
정말 그랬겠네요.
그러다 1914년 구연산이라는 화학 물질이 혈액이 응고되지 않게 하는 효과가 있다는 사실을 발견하게 되었어요. 이것을 혈액에 섞어 주면 신기하게도 피가 굳지 않는 거예요.
구연산을 넣으니 혈액이 응고되지 않잖아.
오~, 대단한 발견이었군요.
그 후에도 혈액을 오랫동안 보존할 수 있는 방법을 찾기 위해 노력했지요. 몸 밖으로 나온 적혈구가 굶어 죽지 않게 하려면 영양분을 주어야 하니까 적혈구에 필요한 영양분인 포도당을 항응고제와 섞어서 '항응고 보존제'를 만드는 데 성공할 수 있었어요.
항응고 보존
항응고 보존제는 제1차 세계 대전 때부터 수혈용 혈액제 보관에 이용되다가 이후 점점 발전하여, 이제는 적혈구를 무려 35일 동안이나 보존하게 되었지요. 덕분에 이제는 혈액을 주는 사람과 받는 사람이 서로 혈관을 연결하지 않아도 되지요.
제1차 세계 대전
마침내 혈액은행까지 탄생하게 된 것이고요. 혈액을 냉장고에 보관하고 있다가 수혈이 필요한 환자에게 주기 위해서이지요.
정말 다행이네요.

아 홉 번 째 수 업

9

헌혈은 생명을 살리는 아름다운 실천

우리나라에서는 언제부터 수혈이 시작되었을까요?
생명을 살리고 사랑을 베푸는 아름다운 실천, 헌혈에 대해 알아봅시다.

9

아홉 번째 수업

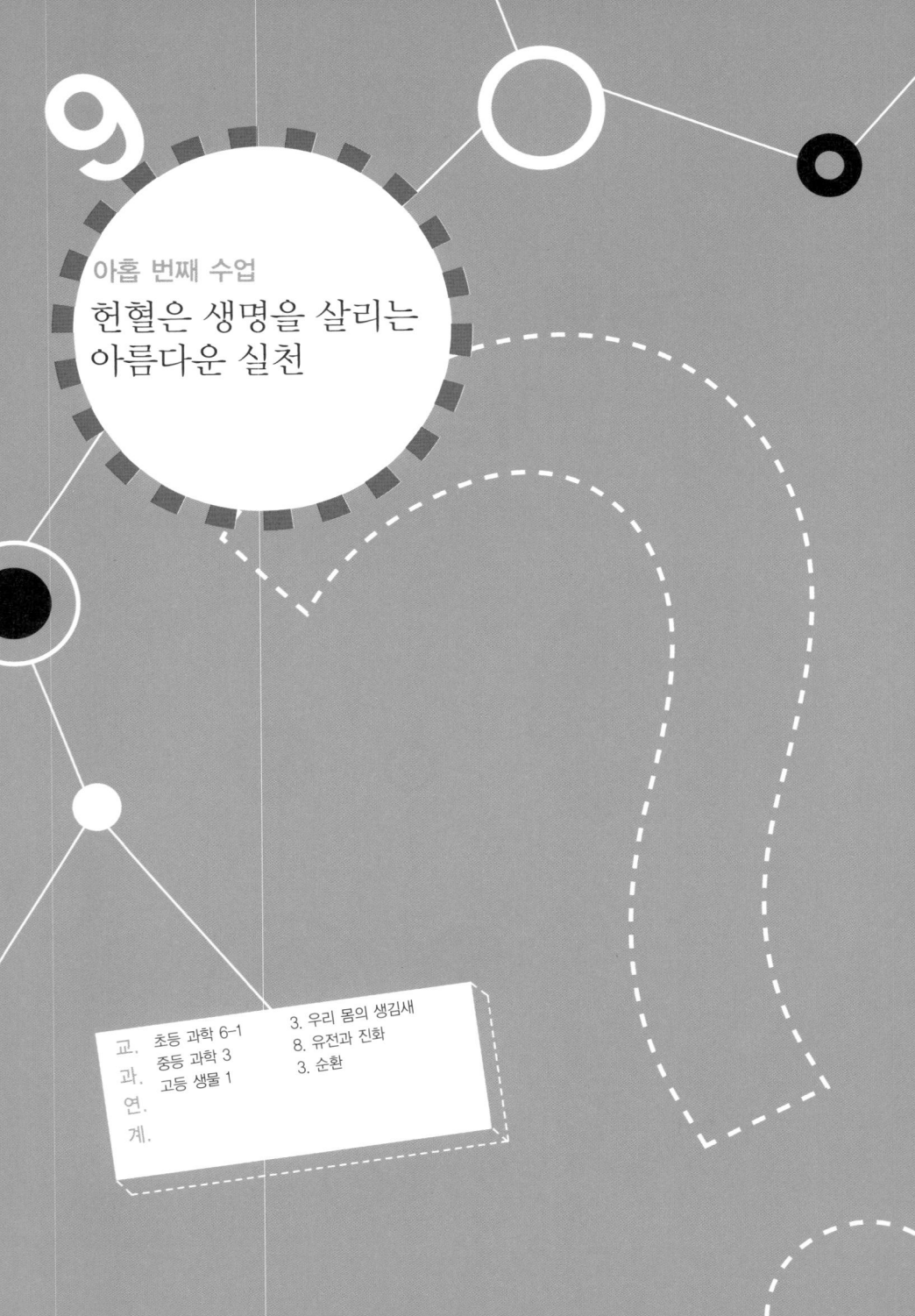

헌혈은 생명을 살리는 아름다운 실천

교과 연계.

	초등 과학 6-1	3. 우리 몸의 생김새
	중등 과학 3	8. 유전과 진화
	고등 생물 1	3. 순환

한국으로 돌아와
아홉 번째 수업이 진행되었다.

1950년부터 시작된 우리나라의 수혈

여러분, 이제 시간 여행을 마치고 다시 우리나라로 돌아왔어요. 우리는 그동안 란트슈타이너 박사님의 강의를 직접 들어 보았고, 그의 위대한 일생을 함께 살펴보았어요. 그리고 이제는 혈액형이 수혈할 때 아주 중요한 것이라는 사실을 알게 되었지요.

1950년 6·25전쟁이 터진 후 미국 군인들이 들어왔을 때부터 우리나라에 수혈이 시작되었어요. 그때 우리나라의 의사들도 수혈을 배워서 피가 모자라는 환자들을 살릴 수 있게 되었지요.

그러나 다른 나라에서도 그랬듯이 우리나라에서도 초창기에는 혈액을 주는 사람을 구하기가 어려웠어요. 그래서 돈을 주고 혈액 제공자를 구할 수밖에 없었지요. 돈을 받고 피를 파는 것을 '매혈'이라고 해요. 피를 파는 사람들은 대개 가난한 사람들이었지요.

환자의 생명을 살리기 위해 사랑의 마음으로 혈액을 기증하는 것이 아니라, 먹고살기 위해 피를 팔아야 하는 매혈자들의 이야기를 들으면 정말 마음이 아파요. 심지어는 혈액을 보약으로 알고 있는 부자들에게 개인적으로 피를 파는 충격적인 일도 있었대요. 1950년대 중반부터 1970년대 후반까지 매혈이 지속되었는데 그야말로 '암흑의 매혈 시대'였던 것이지요.

그러다 드디어 돈을 받지 않고 '사랑의 마음'으로 혈액을 기증하는 '헌혈' 운동이 일어나기 시작했어요. 헌혈 홍보 영화가 상영되고 연예인들이 헌혈 운동에 앞장서기도 했지요. 민간단체에 이어 대한 적십자사가 헌혈 운동을 시작했어요.

이후 헌혈하는 사람들이 해마다 증가하여 마침내 1978년부터는 서울 시내에서 매혈이 완전히 사라지게 되었고, 1985년

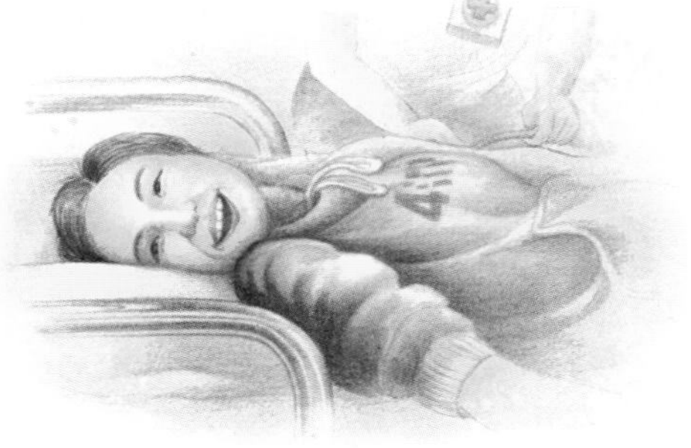

에는 헌혈 인구가 100만 명을 넘게 되었지요. 2000년 이후에는 매년 200만 명이 넘는 사람들이 '사랑의 헌혈'에 동참하고 있어요. 만 16세만 넘으면 헌혈할 수 있지요.

조그만 혈액 백에 담을 수 있는 혈액량은 400mL,
헌혈하는 데 걸리는 시간은 10분. 그러나 당신이 이 작은 혈액 백 하나에 담는 사랑의 마음은 세상에 있는 그 어떤 숫자로도 표현할 수 없습니다. 1년은 52만 5,600분, 그중에 당신이 베푸는 이 10분은 그 어떤 시간보다 소중한 시간이 될 것입니다.
지금! 여러분의 온정을 필요로 하는 환자들에게 따뜻한 400mL의 사랑을 나누어 주십시오.

혈액 은행은 24시간 불을 켜 놓고 있습니다. 혈액이 필요한 환자는 밤낮이 없기 때문이죠. 지금 이 순간에도 많은 피를 흘려 생명이 위태로운 환자, 수술을 받기 위해 피가 필요한 환자, 골수에 병이 생겨 심한 빈혈과 혈소판 감소증(혈소판이 감소하여 출혈되면 피가 잘 멎지 않는 병)으로 고생하고 있는 환자 등 수많은 환자들이 애타게 헌혈을 기다리고 있어요.

이들의 생명을 살릴 수 있는 혈액은 오직 헌혈로만 구할 수 있습니다. 혈액은 생명을 살립니다. 따라서 헌혈은 생명을 살리는 고귀한 일이며 사랑을 베푸는 아름다운 실천입니다.

마 지 막　수 업 **10**

혈액형에 대한 **고민**

혈액형은 어떻게 유전되나요?
혈액형의 유전과 특이한 혈액형에 대해 알아봅시다.

10

마지막 수업

혈액형에 대한 고민

교과연계		
	초등 과학 6-1	3. 우리 몸의 생김새
	중등 과학 3	8. 유전과 진화
	고등 생물 1	3. 순환

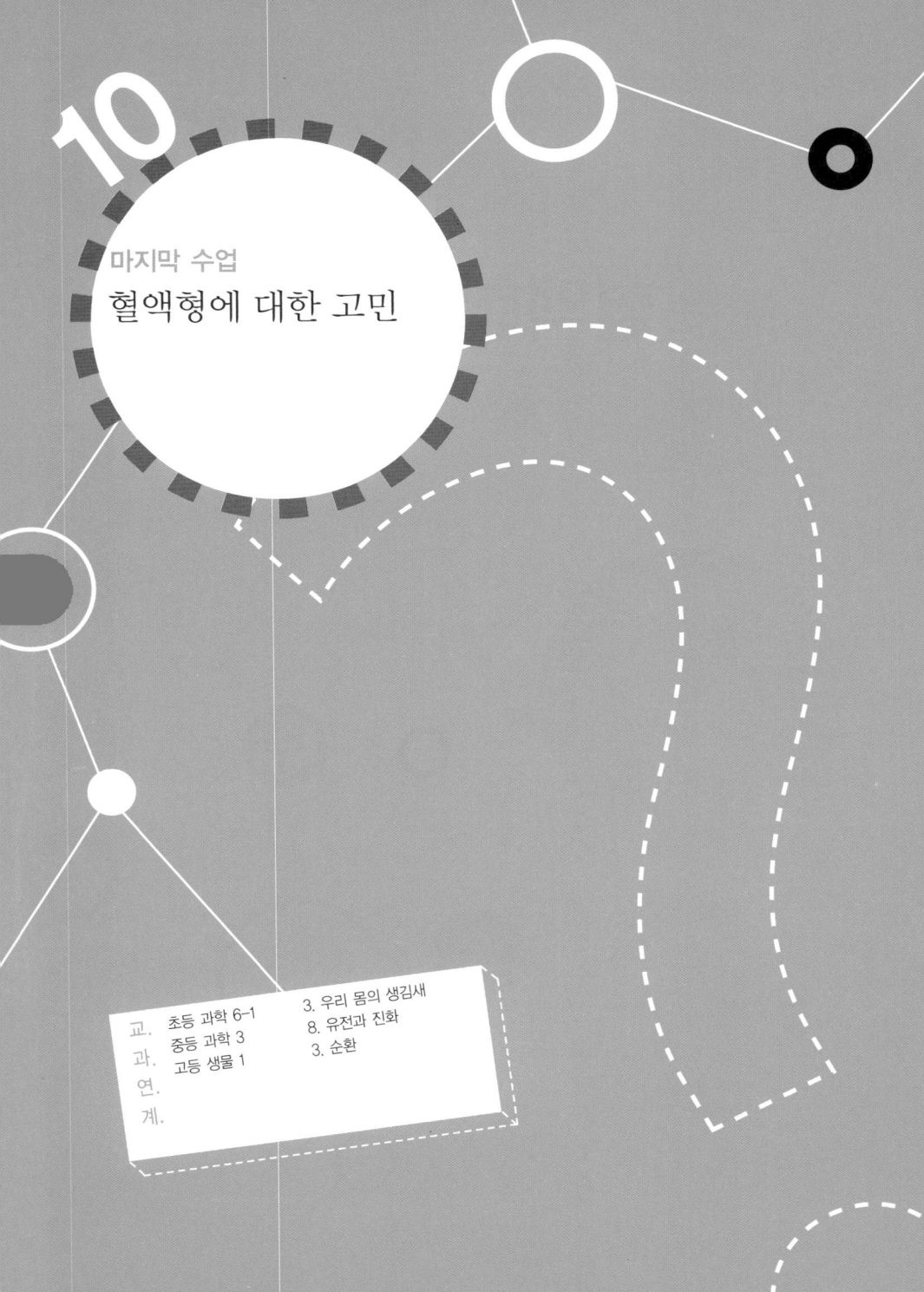

혈액형에 대한 고민으로 마지막 수업이 시작되었다.

특이한 혈액형도 있어요

얼마 전에 중학생으로 생각되는 한 여학생한테서 전화가 걸려 왔어요. 그 여학생은 아무 말 없이 울기 시작했습니다. 한참을 울고 나서 더듬거리며 아빠는 A형이고 엄마는 O형인데 자기는 AB형이라며 가능한 일이냐고 질문했어요. 그 여학생 생각으로는 도저히 있을 수 없는 일이 어느 날 터져 버린 것이지요.

갑자기 지금의 부모가 진짜 부모가 아닐지도 모른다는 끔

찍한 생각도 들기 시작했겠지요. 나는 누구인가? 나의 진짜 부모님은 어디 계실까? 예민한 사춘기 때 갑자기 엄마 아빠도 낯설어졌고 세상도 낯설어졌을 거예요. 얼마나 고민이 컸겠어요.

저는 가엾은 그 여학생을 달래며 그럴 수도 있으니 걱정하지 말라고 이야기해 주었지요. 여러분, 정말 그럴 수도 있을까요?

실제로 이와 같은 일이 전에도 있었어요. 심장 수술을 받기 위해 혈액형 검사를 받았던 13세 여자아이의 혈액형이 AB형으로 나왔는데, 문제는 아빠가 A형이고 엄마가 O형이었던 것이지요.

그래서 결국에는 정밀 검사를 거쳐 유전자 검사까지 받게 되었는데 그 결과, 아빠의 혈액형이 일반적인 검사에서는 A형처럼 나타났으나 실제로는 매우 특이한 cis-AB형(AB형의 일종)으로 밝혀졌고, 엄마 아빠가 진짜 부모임이 확인되었지요.

이처럼 cis-AB형의 경우에는 유전 방식이 특이해서 종종 오해의 원인이 되고 있어요.

> 궁금한 게 하나 있는데요. 아빠가 AB형, 엄마가 B형이거든요. 근데요, 제 혈액형은 O형이랍니다. 제가 아는 상식으론 O형이 나올 수 없는데, 제겐 정말 중요한 거니까 꼭 알려 주세요. 부탁입니다.

AB형과 B형 부모 사이에서 O형이 나올 수 있는지를 물어보고 있어요. 이 학생도 혈액형으로 무척 고민하고 있는 것 같아요. 결론부터 말하면 이 경우도 cis-AB형에 해당합니다.

이해가 잘 안 된다고요? 그러면 혈액형의 유전에 대해 좀 더 자세히 이야기해 줄게요. 조금 어려울 수 있겠지만 찬찬히 읽으면서 이해해 보세요.

ABO식 혈액형도 '멘델의 법칙'에 따라 유전되지요. 유전자는 염색체 안에 들어 있어요. 염색체의 특정 위치에는 특정 유전자가 위치하는데, 특정 유전자가 자리 잡고 있는 부위를 유전자좌(locus)라고 하며, 특정 유전자좌에 존재하는 유전자를 대립 유전자(allele)라고 해요.

ABO식 혈액형에는 3가지 대립 유전자가 있습니다. 즉 A, B, O입니다. 이들 대립 유전자의 한쪽은 엄마로부터 그리고 다른 한쪽은 아빠로부터 유전된 것이며 A/A, A/O, B/B, B/O, O/O, A/B와 같이 쌍으로 표시합니다.(이해를 돕기 위해 두 대립 유전자 사이에 '/' 표시를 하였습니다.) 이 유전자들은 각각 독립적으로 표현되지요.

A/B 유전자의 경우 엄마로부터 A 유전자를, 그리고 아빠로부터 B 유전자를 물려받았고, 각각 모두 표현되어 실제 표현형은 A 항원도 있고 B 항원도 있는 AB형이 되는 거예요. A/O 유전자의 경우는 A 항원만 표현되어 표현형은 A형이 되지요. 그 이유는 O형 유전자는 실제로 A 항원이나 B 항원을 표현할 수 없기 때문이에요.

그러면 이제 A형과 B형 부모에게서 나올 수 있는 자녀의 혈액형을 알아보기로 하지요. A형의 유전자는 A/A 또는 A/O

이에요. 그리고 B형의 유전자는 B/B 또는 B/O이고요. 만약 아빠의 유전자형이 A/O이고, 엄마의 유전자형이 B/O라면 자녀의 혈액형은 다음과 같은 방법으로 알아볼 수 있어요. 따라서 AB형, A형, B형, O형의 자녀가 나올 수 있는 것이죠.

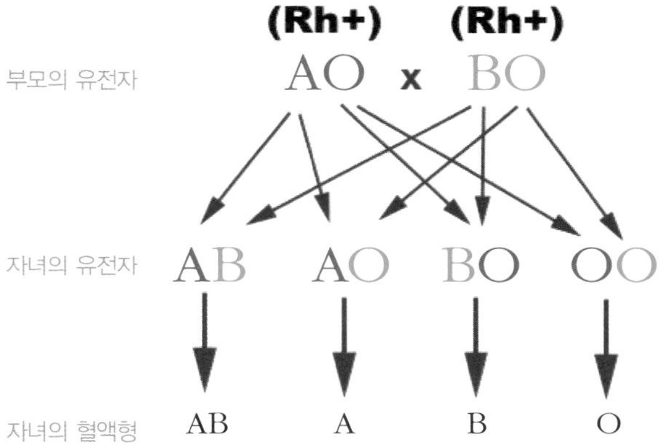

ABO 혈액형의 유전 방식

자, 이제는 cis-AB형의 유전을 이해해 볼까요? 보통의 AB형은 유전자형이 A/B이지만 cis-AB형은 A 유전자와 B 유전자가 한쪽에 몰려 있으므로 유전자형은 AB/O가 되지요. 그래서 AB가 함께 통째로 자녀에게 유전됩니다. 만약 cis-AB형이 O형과 결혼하면 AB/O × O/O = AB/O, AB/O, O/O, O/O이므로 AB형과 O형의 자녀가 나올 수 있어요.

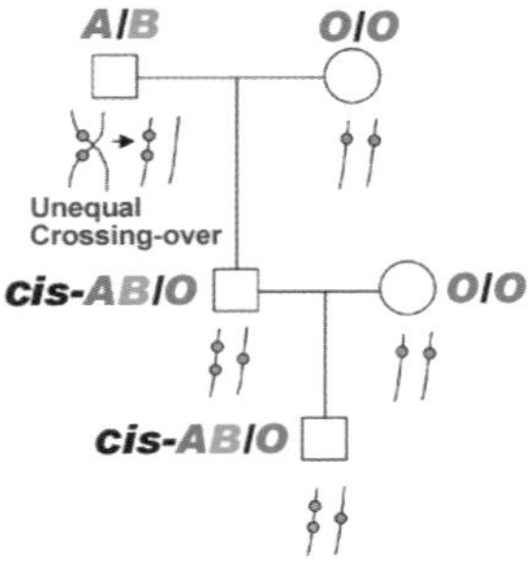

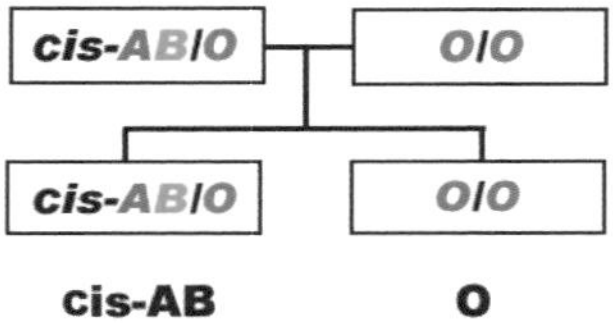

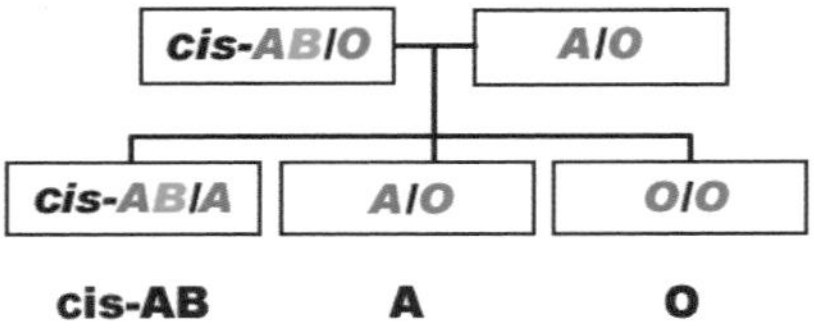

신기하지요?

그리고 앞에서 본 질문의 경우처럼 cis-AB형과 B형 사이에서는 AB/O × B/O = AB/B, AB/O, B/O, O/O 이므로 AB

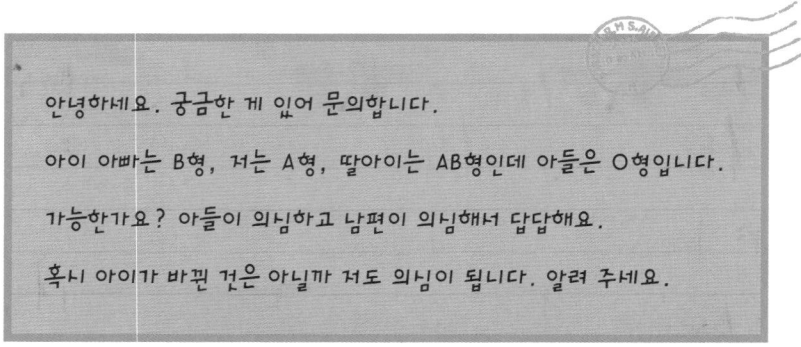

> 안녕하세요. 궁금한 게 있어 문의합니다.
>
> 아이 아빠는 B형, 저는 A형, 딸아이는 AB형인데 아들은 O형입니다.
>
> 가능한가요? 아들이 의심하고 남편이 의심해서 답답해요.
>
> 혹시 아이가 바뀐 건은 아닐까 저도 의심이 됩니다. 알려 주세요.

형, B형, O형의 자녀가 나올 수 있는 것이지요. 이젠 알겠죠?

혈액형의 유전에 대해 잘 모르면 다음과 같은 상식적인 경우도 오해와 고민이 생길 수 있어요.

우리는 방금 A형과 B형 부모 사이에서는 A/O × B/O = A/B, A/O, B/O, O/O이므로 AB형, A형, B형, O형의 자녀가 나올 수 있다는 것을 알았지요? 그러나 언뜻 생각하기에는 A형과 B형 사이에서 O형이 나온다는 것이 이해가 가지 않을 수 있겠지요. 그러니 잘 설명해 주세요.

혈액형은 일생 동안 변하지 않아요

오늘 헌혈을 했습니다. 18년 동안 A형인 줄로만 알았는데 검사해 보니까 AB형이 나왔어요. 지금까지 검사해 볼 때마다 A형이었는데, 혹시 혈액형이 바뀐 건 아닐까요?

헌혈하기 위해 혈액형 검사를 받았는데 지금까지 알고 있는 혈액형과 다르게 나오면 무척 당황되고 어떤 혈액형이 진짜인지 고민도 되겠지요.

여러분, 혈액형이 변할까요? 아닙니다. 혈액형은 결코 변하지 않습니다. 한 가지 특별한 예외가 있긴 하지요. '혈액형이 다른' 골수를 이식받으면 골수를 준 사람의 혈액형으로 바뀌게 돼요. 예를 들어 A형에게 B형 골수를 이식하면 나중에 혈액형도 A형에서 B형으로 바뀌게 되지요. 이렇게 아주 특별한 경우가 아니라면 혈액형은 원칙적으로 일생 동안 변하지 않아요.

그럼 앞의 경우는 어떻게 된 것일까요? 정밀 검사를 해 봐

저는 여태껏 학교에서나 병원에서 혈액형 검사를 많이 해 왔거든요. 그런데 검사할 때마다 B형이라고도 하고 O형이라고도 하고, 매번 다르게 나오더라고요. 한두 번이면 '결과가 잘못 나올 수도 있겠지'라고 생각하겠는데, 매번 B형과 O형이 번갈아 나오고 모두들 정확하다고 말하니까, 남들이 혈액형이 뭐냐고 물어보거나 혈액형으로 보는 운세 같은 걸 볼 때면 난감해지더라고요. 부모님은 모두 B형이십니다. 도대체 제 혈액형은 무엇이죠?

야 정확히 알 수 있겠지만 AB형의 일종인 AB_3 또는 A_2B_3일 가능성이 높을 것 같네요. (A_2는 weak-A의 일종이고, B_3는 weak-B의 일종입니다.) weak 혈액형에 대해서는 나중에 설명할게요. 이 경우 사실 AB형인데 B 항원이 '약하게(weak)' 표현되어(weak-B) 일반적인 혈액형 검사에서는 A형으로 판정될 수도 있어요.

여러분, 왜 이분이 어떨 때는 B형으로 나오고 어떨 때는 O형으로 나오는지 짐작하시겠어요? 이 경우도 weak-B형일 가능성이 높아요. weak-B형은 일반적인 검사에서는 O형으로 판정될 수 있으니까요. 사실 그냥 O형으로 알고 있어도 괜찮아요. weak-B형이 O형의 혈액을 수혈받아도 아무 문제가 없기 때문이지요.

저의 혈액형은 Rh^-O형인데 엄마 아빠 모두 Rh^+O형입니다. 형과 누나도 모두 Rh^+O형이죠. 그런데 유독 나만 Rh^-O형입니다. 아빠께서는 제가 Rh^-O형인 사실을 안 뒤부터 계속 이상하게 생각하세요.

정말 부모가 모두 Rh^+형인데 자녀가 Rh^-형일 수 있을까요? 그렇습니다. Rh^+형인 부모 사이에서도 Rh^-형 자녀가 나올 수 있어요! 실제로 우리나라에서 Rh^-형인 사람들의 부모들은 대부분 Rh^+형이에요.

그렇다면 어떻게 Rh^+형 부모에게서 Rh^-형 자녀가 나올 수 있나요? 이에 대한 대답을 이해하려면 우선 Rh 유전자와 유전 방식을 알아야겠죠? Rh^+형은 RHD 유전자를 가지고 있는 경우이고, Rh^-형은 RHD 유전자를 가지고 있지 않습니다.

RHD 유전자를 D, 그리고 RHD 유전자가 없는 경우를 d로

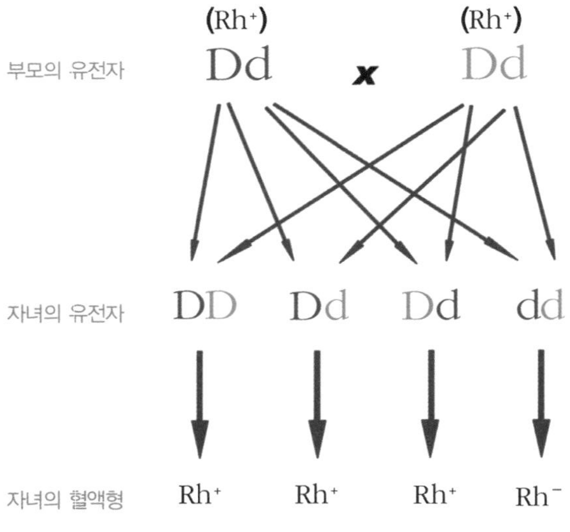

Rh 유전자와 유전 방식

표시하면, 일반적으로 유전자는 2개의 대립 유전자로 구성되어 있으므로 Rh 혈액형과 관련된 유전자는 D/D, D/d, d/d가 됩니다. D/D와 D/d는 하나 이상의 RHD 유전자를 가지고 있으므로 표현형은 Rh^+형이에요. 그리고 RHD 유전자가 하나도 없는 d/d의 표현형은 Rh^-형이 되는 것이고요.

우리나라 사람 대부분이 D/D이지만 일부는 D/d입니다. 부모가 모두 D/d인 경우에는 왼쪽 그림에서처럼 자녀 4명 중 1명의 확률로 d/d, 즉 Rh^-형이 나올 수 있는 것이지요.

다음과 같은 질문도 있어요. A형과 O형 부모 사이에서 B형 자녀가 나올 수 있느냐는 질문이에요. 누가 봐도 가능하지 않을 것 같지요?

며칠 전 아이가 학교에서 신체 검사를 받았는데,
검사 결과 아이의 혈액형은 B형으로 나왔습니다. 제 아내는 A형이고
저는 O형인데 아들이 B형으로 나올 수 있는지요?

이분은 아마도 몰라서 묻는 것이 아니라 요즘 의학이 발전되어 새로운 사실들이 많이 발견되었으니 혹시 가능할지도 모른다는 희망을 가지고 문의하는 것이라고 생각해요. 사실

혈액형을 잘못 알고 있는 경우가 많아요. 자신이 '알고 있는' 혈액형과 '실제' 혈액형이 다른 경우가 무려 8%나 되었다는 연구 결과도 있어요.

왜 이렇게 많은 사람들이 혈액형을 잘못 알고 있을까요? 학교에서 간단히 해 보았던 혈액형 검사 결과를 잘못 판독하거나 잘못 기억한 것이 원인이 아닐까 생각해요. 병원이나 혈액원에서 검사한 결과가 정확한 것이에요.

여러분은 혹시 혈액형이 이상하게 나오더라도 고민하거나 걱정하지 않았으면 좋겠어요. 다음과 같은 경우가 있기 때문이지요.

① 자신의 혈액형을 잘못 알고 있는 경우가 많이 있다.

② 약하게 표현된 혈액형들(weak-A 또는 weak-B)은 O형으로 판정될 수 있다. 만약 AB형 중에서 B형이 약하게 표현되면 A형으로 판정될 수 있다.

③ cis-AB형일 경우 AB형과 O형 부모 사이에서 AB형 또는 O형이 나올 수 있고 AB형과 A형 부모 사이에서 AB형, A형 또는 O형이 나올 수 있다.

④ 때로는 검사를 다시 해 봐야 하는 경우도 있다.

⑤ 혈액형 정밀 검사 또는 유전자 검사를 해 봐야 정확히 알 수 있

는 경우도 있다.

⑥ 일반인들이 생각할 때 상식에 맞지 않는 경우도 있다.

그래서 ABO식 혈액형 검사 결과는 친자 확인의 절대적 기준이 될 수 없는 것이죠. 알고 보면 혈액형은 그리 간단한 것이 아니에요. 가정의 화목은 이 세상에서 가장 중요한 것인데 혈액형에 대한 오해로 가정의 화목이 깨져서는 안 됩니다.

ABO식 혈액형과 성격

1930년 ABO식 혈액형의 발견으로 란트슈타이너 박사님이 노벨 생리 · 의학상을 받자, 1931년 일본의 한 심리학자는 혈액형이 성격과 관계가 있다고 주장하기 시작했대요. 일본에서 지난 수십 년 동안 혈액형과 성격에 관련된 책들이 엄청 많이 팔렸고, 많은 방송국에서 혈액형에 관련된 프로그램을 방영했다는 사실을 보아도 일본의 혈액형 열풍은 정말 대단했던 것 같아요.

"A형은 신중하고 소심하고 모범생이 많고, B형은 규제를 싫어하고 독립성이 강하며, O형은 직선적이고 사회성이 강하고, AB형은 내성적이고 합리적이다."라고 사람들은 이야기합니다. 과연 과학적인 근거가 있는 것일까요?

많은 사람들이 연구를 해 보았는데 연구 결과마다 큰 차이가 있었어요. 혹시 그렇다고 믿으니까 그렇게 보이는 것일지도 몰라요. 결론적으로 혈액형이 성격과 관련성이 있다는 주장은 과학적으로 증명되지 않았습니다.

혈액형은 생명체의 다양성을 나타내는 형질

1983년 세계적으로 유명한 과학 전문지 〈네이처〉에 흥미로운 논문이 실렸어요. 영국인 헌혈자 1만 명을 대상으로 혈액형과 사회적 · 경제적 위치에 대해 분석한 논문이었는데, 상류층의 사람들에게 가장 많은 혈액형은 A형이었고 가장 적은 혈액형은 O형이었다는 충격적인 내용을 담고 있었어요. 이에 대해 많은 반대 의견들도 있었지요.

만약 정말 혈액형이 개인의 능력을 반영하는 것이 사실이라면 어떻게 되겠습니까? 혈액형으로 사람 자체를 평가하는 바람직하지 않은 일이 벌어질지도 몰라요. 인간은 다양한 생김새와 능력을 가지고 있고 그 다양성은 서로가 존중해 주어야 하는데, 혈액형이라는 '딱지'를 붙이고 서로 선입관을 가지면 안 되겠죠?

우리가 현재 혈액형에 대해 확실하게 이야기할 수 있는 것은 다음과 같습니다.

> 사람들의 얼굴 생김새가 모두 다르고 금발머리, 검은머리, 곱슬머리 등 머리카락의 색깔과 형태가 다양한 것처럼 지구상에 존재하는 수많은 생명체들은 모두 다양성을 보이고 있다.
> ABO, Rh, MNSs, P, Lewis, Duffy, Kidd, Kell 등 혈액형들도 사실 다양성을 나타내는 형질 가운데 하나이다.
> 혈액형에 대해 많은 이야기가 있으나 의학적으로 확실하게 밝혀진 사실은 ABO식 혈액형은 수혈 또는 장기 이식할 때 반드시 맞추어 하는 중요한 항원이라는 점이다.

만화로 본문 읽기

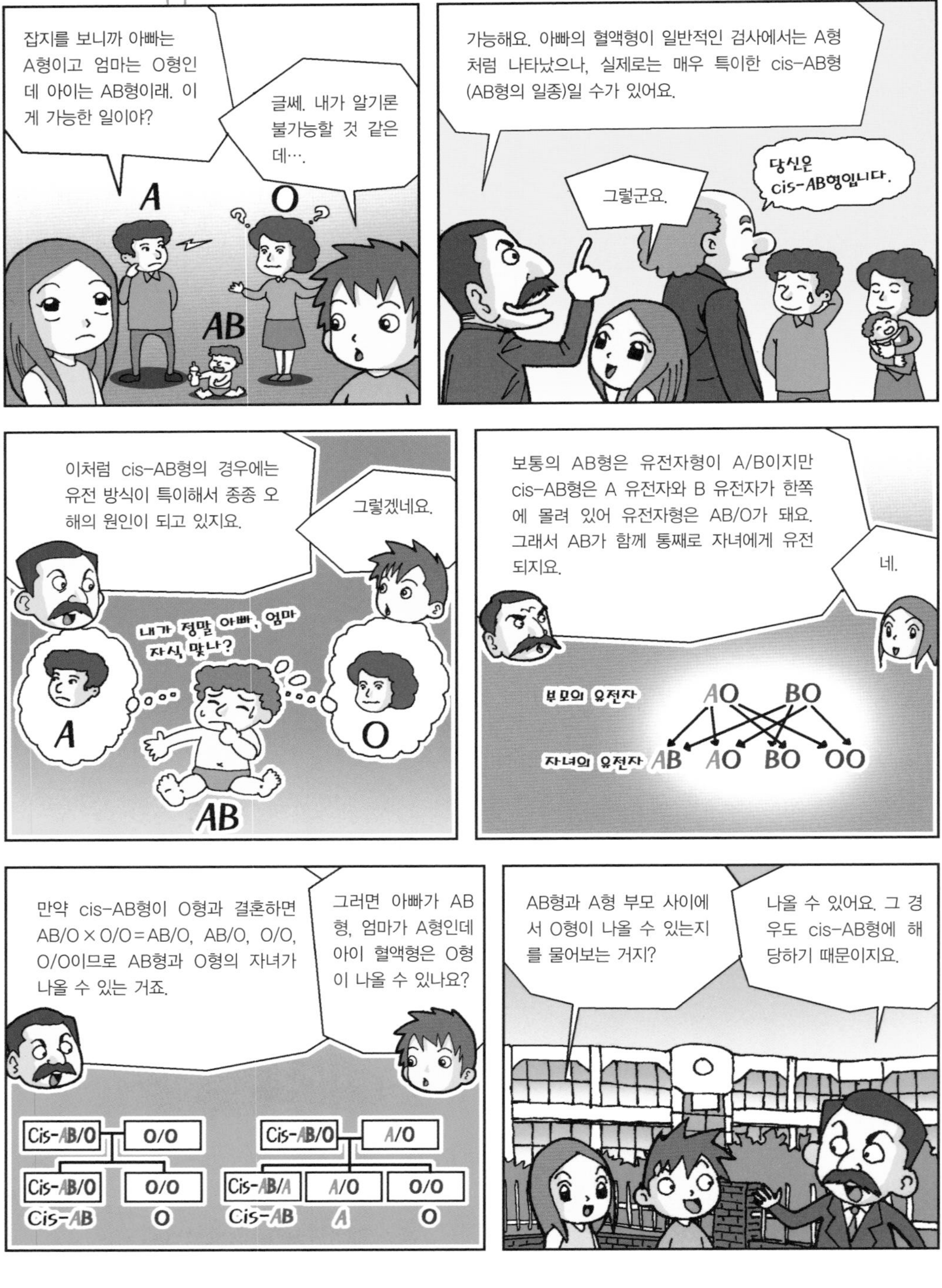

잡지를 보니까 아빠는 A형이고 엄마는 O형인데 아이는 AB형이래. 이게 가능한 일이야?
글쎄. 내가 알기론 불가능할 것 같은데….
A
O
AB
가능해요. 아빠의 혈액형이 일반적인 검사에서는 A형처럼 나타났으나, 실제로는 매우 특이한 cis-AB형(AB형의 일종)일 수가 있어요.
그렇군요.
당신은 cis-AB형입니다.
이처럼 cis-AB형의 경우에는 유전 방식이 특이해서 종종 오해의 원인이 되고 있지요.
그렇겠네요.
내가 정말 아빠, 엄마 자식 맞나?
A
O
AB
보통의 AB형은 유전자형이 A/B이지만 cis-AB형은 A 유전자와 B 유전자가 한쪽에 몰려 있어 유전자형은 AB/O가 돼요. 그래서 AB가 함께 통째로 자녀에게 유전되지요.
네.
부모의 유전자
AO BO
자녀의 유전자
AB AO BO OO
만약 cis-AB형이 O형과 결혼하면 AB/O×O/O=AB/O, AB/O, O/O, O/O이므로 AB형과 O형의 자녀가 나올 수 있는 거죠.
그러면 아빠가 AB형, 엄마가 A형인데 아이 혈액형은 O형이 나올 수 있나요?
Cis-AB/O
O/O
Cis-AB/O
O/O
Cis-AB
O
Cis-AB/O
A/O
Cis-AB/A
A/O
O/O
Cis-AB
A
O
AB형과 A형 부모 사이에서 O형이 나올 수 있는지를 물어보는 거지?
나올 수 있어요. 그 경우도 cis-AB형에 해당하기 때문이지요.

과학자 소개

혈액형을 발견한 란트슈타이너 Karl Landsteiner, 1868~1943

란트슈타이너는 오스트리아의 빈에서 태어났습니다. 어린 나이에 아버지를 잃었지만, 어머니의 따뜻한 사랑 속에서 성장하였고, 1891년에 빈 의과 대학을 졸업했습니다.

1896년에 빈의 위생 연구소에서 조교로 일하면서 면역의 기전과 항체에 대해 연구했으며, 1911년에는 빈 대학의 병리학 교수가 되었습니다. 이후 병리학, 조직학 그리고 면역학 분야에 많은 연구 업적을 남겼습니다.

그의 연구 업적 중에서 가장 빛나는 것은 ABO식 혈액형(A형, B형, O형, AB형)의 발견이었습니다. 그 공로로 노벨 생리 · 의학상을 받았습니다.

처음에 그의 발견은 세상의 관심을 끌지 못했습니다. 당시에는 ABO식 혈액형의 중요성을 잘 몰랐기 때문입니다. 그리고 오스트리아는 제1차 세계 대전(1914~1918)에서 패전한 후 약소국으로 전락해 란트슈타이너의 업적이 빛을 볼 수 없었습니다.

란트슈타이너는 빈에서의 연구 활동이 어려워지자 1919년에 아메리칸 드림을 꿈꾸며 미국으로 이민을 가서 뉴욕의 록펠러 의학 연구소에서 연구를 재개했습니다. 이후 최선을 다해 연구하여 미국에서도 유명한 과학자가 되었고, ABO식 혈액형을 발견한 지 30년이 지난 1930년에 노벨 생리 · 의학상을 수상하였습니다. 또한 1939년에 록펠러 연구소의 석좌교수가 되었고, 1940년에는 레빈 · 위너 등과 함께 Rh 혈액형의 발견에도 공헌했습니다.

란트슈타이너는 사람들과 어울려 놀기보다 탐구하는 것을 좋아했습니다. 연구에 대한 정열은 뜨거웠고 죽는 날까지 연구를 쉬지 않았다고 합니다. 75세 되던 1943년 어느 늦은 봄날, 자신의 연구실에서 피펫(실험 도구)을 손에 쥔 채 세상을 떠났습니다.

과학 연대표

언제, 무슨 일이?

과학사		세계사
		조선, 네덜란드 인 벨테브레가 제주도 표착
하비 혈액 순환설 발표	1628	
		영국-네덜란드, 브레타 조약 체결
드니 동물의 피를 사람에게 최초 수혈	1667	
		오스트리아, 그루버 〈고요한 밤 거룩한 밤〉 작곡
블런델 사람의 피를 사람에게 최초 수혈	1818	
		미국, 최초로 전기의자를 사용해서 사형 집행
베링 항혈청 발견	1890	
		조선, 고종이 육군 병원 개설
란트슈나이너 ABO식 혈액형 발견	1901	

체크, 핵심 내용

이 책의 핵심은?

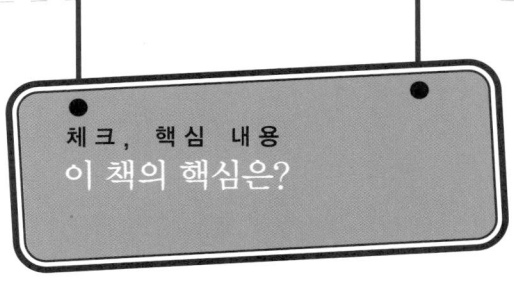

1. 피의 색이 붉은 이유는 적혈구 속에 붉은빛을 띠는 □□□□□이 잔뜩 들어 있기 때문입니다.
2. 적혈구는 혈액을 통해 온몸을 순환하며 세포들에게 □□를 운반해 주는 아주 중요한 일을 하고 있습니다.
3. □□이란 피가 모자라서 생명이 위태롭게 된 환자에게 혈관 속으로 피를 주입하는 치료를 말합니다.
4. 항원이 우리 몸에 들어오면 면역 시스템이 작동하여 그 항원을 가진 침입자를 무찌를 수 있는 □□를 만듭니다.
5. □□□□은 헌혈 받은 혈액을 잘 보관하고, 수혈이 필요할 때 ABO 및 Rh 혈액형을 맞춰 주며, 비예기 항체 검사와 교차 시험을 해서 수혈 부작용이 일어나지 않도록 안전한 혈액을 찾아 주는 일을 하는 곳입니다.

1. 헤모글로빈 2. 산소 3. 수혈 4. 항체 5. 혈액은행

이슈, 현대 과학

ABO식 혈액형

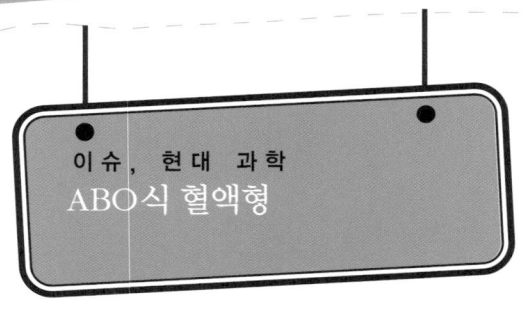

란트슈타이너의 ABO식 혈액형 발견 이후, 20세기 전반기의 혈청학의 발전에 힘입어 1950년대까지 MNSs, P, Rh, Lutheran, Kell, Lewis, Duffy, Kidd 등 많은 적혈구 혈액형 항원을 찾아냈습니다. 그리고 20세기 후반기에는 분자 생물학과 유전학의 발전에 힘입어 혈액형 항원을 가진 적혈구 막 구조물들의 유전자를 규명하고 성상 및 기능을 이해하기 시작했습니다.

현재까지 국제 수혈학회에서 공식적으로 인정된 혈액형 항원은 285개가 넘습니다. 혈액형 항원의 다양성은 적혈구 표면에서 혈액형을 나타내는 분자들이 유전적으로 다양하기 때문입니다.

ABO 혈액형을 표현하는 당사슬들이 어떤 기능을 하고 있는지는 아직까지 수수께끼로 남아 있습니다. 일부 학자들은 이들이 질병과 관계가 있다고 주장하는데, 예를 들면 O형은 A형보다 위궤양, 십이지장 궤양에 걸릴 확률이 높고, A형은 O형보다 위암에 걸릴 확률이 높다는 것입니다. 그리고 A형은 O형보다 혈액 속 혈액 응고 인자의 농도가 높아 관상 동맥 질환에 걸릴 확률이 높다는 연구 결과도 있습니다

또한 혈액형을 나타내는 당사슬이 세균의 길잡이(수용체)로 작용한다는 연구 결과도 있습니다. 일부 세균들은 우리 몸의 세포 표면에 있는 특정 혈액형 항원에 달라붙은 후 침입해 들어온다는 것입니다. 예를 들어, 일부 대장균은 요도(소변 나오는 통로)에 침입한 후 당사슬로 구성된 'P1'이라는 혈액형 항원에 붙어 신장까지 거슬러 올라가서 염증을 일으킨다고 하며, 일부 말라리아 원충은 Duffy 혈액형과 결합하여 적혈구에 침입하여 병을 일으킨다고 합니다.

그러나 아직 밝혀지지 않은 부분이 많습니다. 혈액형에는 여전히 풀리지 않은 수수께끼가 남아 있습니다.

찾아보기

어디에 어떤 내용이?